普通高等教育艺术设计类专业系列教材

室内设计：
核心元素与实训创新

孙昕　编著

化学工业出版社
·北京·

内容简介

本书系统全面地介绍了室内设计的理论基础，从室内空间的基本概念到具体的设计元素，涵盖了空间形态、空间功能、空间界面、形式美法则、色彩、装饰材料、灯光、装饰与陈设等内容；并分析了不同类型和风格的室内设计案例和实训项目，展示了多样化的设计方法和思路。本书为学习者提供了室内设计的全方位视角，以更好地理解和掌握室内设计的核心元素，开阔设计视野，激发创新思维。

本书适合普通高等院校室内设计、环境艺术设计及相关艺术设计专业的师生作为教材使用，也可供从业者和爱好者阅读参考。

图书在版编目（CIP）数据

室内设计：核心元素与实训创新 / 孙昕编著.
北京 ：化学工业出版社，2025. 1. -- ISBN 978-7-122
-46660-0
Ⅰ. TU238.2
中国国家版本馆CIP数据核字第2024X3P122号

责任编辑：李彦玲　　　　　　　　　　　文字编辑：蒋　潇　药欣荣
责任校对：李　爽　　　　　　　　　　　装帧设计：王晓宇

出版发行：化学工业出版社（北京市东城区青年湖南街13号　邮政编码100011）
印　　装：河北尚唐印刷包装有限公司
787mm×1092mm　1/16　印张9　字数199千字　　2025年1月北京第1版第1次印刷

购书咨询：010-64518888　　　　　　　　售后服务：010-64518899
网　　址：http://www.cip.com.cn
凡购买本书，如有缺损质量问题，本社销售中心负责调换。

定　　价：59.80元

前言
PREFACE

　　室内空间环境不仅承载着居住、工作、社交等多重功能，更是文化、艺术与技术融合的体现。室内设计作为一门综合性极强的学科，跨越了艺术与科学的界限，将创意与实用性紧密结合。本书旨在为读者提供一个理论与实践相结合、全面而深入的室内设计学习平台。希望本书能够帮助相关专业学生和从业人士了解室内设计的基础知识，理解并掌握室内设计的核心元素与设计方法，并在实践中不断创新与探索。本书特色如下。

　　（1）系统性知识结构：本书从室内空间的基本概念出发，逐步深入到室内设计的核心元素及具体实践，内容涵盖了室内设计历史发展、核心功能、美学法则及现代设计理念的转变，凝练出8个核心元素——空间形态、空间功能、空间界面、形式美法则、色彩、装饰材料、灯光、装饰与陈设，为读者提供了一个清晰的学习路径。

　　（2）理论与实践相结合：书中不仅介绍了室内设计的理论基础，还通过丰富的案例分析和实训项目，详细解析了设计元素的提取与应用过程，使读者能够在实际操作中深化理解，提升设计能力。

　　（3）文化与创新并重：本书强调室内设计的文化传承与创新精神，鼓励读者在尊重传统的基础上，勇于探索新的设计语言和表现形式。

　　（4）多学科交叉融合：室内设计是一个多学科交叉的领域，本书涉及建筑学、美学、材料学等多个学科，为读者提供了一个宽广的视角，并引入当前AI智能设计工具的相关知识，引导读者了解多种学科、多种工具在室内设计领域的整合应用。

　　（5）丰富的视觉资料：书中包含了大量的图例和案例，帮助读者更直观地理解室内设计的各个方面。本书大部分图片来源于作者及团队成员多年来积累的项目方案，不仅包括效果图，还包括施工图，让读者更加明确设计方案的可实施性。

　　本书由西安理工大学艺术与设计学院孙昕老师主编，西安理工大学艺术与设计学院张纪军老师参编。其中，本书第10章的设计案例《野鹿荡时空研学基地科学馆与时空体验基地》由张纪军老师编写，同时环境设计系的在读硕士研究生崔娇、王璐瑶、席玉岚、张浩、张瑞琪、陈亭竹、路欣、王嘉庆参与了图片的整理工作，在此深表谢意。

　　本书适用对象为普通高等学校室内设计、环境设计及相关专业的师生，室内设计师，以及对室内设计感兴趣的广大读者。我们相信，通过阅读本书，读者不仅能够获得室内设计的专业知识，更能够激发创造力，培养出对美好生活空间的深刻理解和独到见解。让我们一起开启这段探索室内空间美学与功能的旅程吧！

孙昕

西安理工大学艺术与设计学院

2024年6月

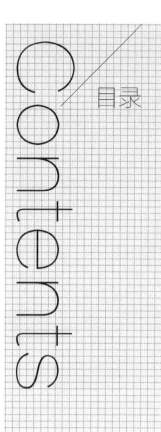

Contents

目录

Chapter 5
第5章
核心元素4——形式美法则

Chapter 6
第6章
核心元素5——色彩

Chapter 7
第7章
核心元素6——装饰材料

Chapter 8
第8章
核心元素7——灯光

Chapter 9

第9章
核心元素8——装饰与陈设

Chapter 10

第10章
设计实训解析

结语

参考文献

室内设计
interior design
Chapter 1

第1章　室内空间概述

室内设计是一门综合性的专业，需要达到功能性、舒适性、合理性、科学性以及审美性等多方面的要求，其目的在于创造满足人们物质和精神需求的室内空间环境。室内设计融合了艺术与技术，并且随着时间的流逝，每个历史时期都有其独特的设计原则和风格特征。对室内设计的认识应该是全面和深入的，不能简化为单一的装饰或美化过程，本章主要介绍了室内设计的概念、发展历程、空间的界面和类型，概述了室内设计从古至今的演变过程，展示其在不同文化和时代背景下的发展，从专业设计视角为读者打开对室内设计的认知。

1.1 室内设计的概念

室内设计是指根据建筑物的使用性质、所处环境和相应标准，运用物质技术手段和建筑美学原理，创造功能合理、舒适优美、满足人们物质和精神生活需要的室内环境。室内设计是综合的室内环境设计，包括视觉环境、工程技术、物理环境、氛围意境以及文化内涵等内容。

室内设计的领域有：①住宅设计，包括居住空间设计、整体家居设计、厨卫设计等和住宅相关的内容；②非住宅设计，如办公空间、商业空间、公共建筑（图书馆、美术馆、剧院等）、工业建筑（工厂、实验室等）；③和室内空间环境营造相关的装饰陈设设计，如家具、灯具、装饰画、陈设品的配置。

总体而言，室内设计是一个完整的设计系统，它不是单纯的装修，而是一个探寻空间的功能性、舒适性、合理性、科学性、美学感、尺度感的较为复杂的专业。对室内设计的理解不能太片面，从古至今，每个时代都有居室陈设的原则，蕴含着空间艺术和技术的精髓。

1.2 我国室内设计的发展简述

早在原始社会时期，人们就已经体现出了对空间的规划和设计理念，例如西安半坡遗址中保存的半地穴式房屋（图1-1），已经明显规划出了门道区域、灶台区域、休息区域等空间布局，居室里平整光洁的石灰质地面、洞窟壁面上绘有兽形和围猎的图案，都体现出了原始氏族社会人们的空间规划和审美意识。

在古代，建筑技术和社会分工比较单纯，建筑设计和建筑施工并没有很明确的界限，施工的组织者和指挥者往往也就是设计者，他们按照师徒相传的成规，加上自己一定的创造性营造建筑，由此积累了建筑文化。中国古代的室内设计和建筑设计是息息相关的，空间布局、门窗形制、家具陈设中蕴含着博大的自然观、伦理观及内涵隐喻。周秦汉唐时期的宫殿遗址，如秦朝的阿房宫、西汉的未央宫，从出土的秦砖汉瓦、墓室石刻、精美的窗棂栏杆的装饰纹样来看，当时的室内装饰已经相当精细和华丽（图1-2）。到了明清时期，中国传统建筑与室内装饰艺术已经达到了封建社会的顶峰，无论是金碧辉煌的故宫太和殿，还是雕梁

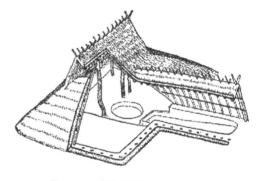

> 图1-1 西安半坡遗址的半地穴式房屋

> 图1-2 秦一号宫殿遗址的龙纹空心砖

画栋的府邸宅院，都展现了传统建筑无与伦比的精美细节（图1-3、图1-4）。

在历代的著名文献中均有涉及居室陈设设计的内容，如记述春秋时期官营手工业制造工艺的《考工记》、唐代著名文学家柳宗元的《梓人传》、明代文震亨关于设计园林宅居的著作《长物志》、清代李渔撰写的描述生活艺术的著作《闲情偶寄》等。

随着社会的发展和科技的进步，建筑设计所包含的内容、所要解决的问题越来越复杂，涉及的相关学科越来越多，客观上需要更为细致的社会分工，这就促使建筑设计逐渐形成专业，成为一门独立的分支学科。在近代，建筑设计和建筑施工逐渐分离开来，各自成为专门的学科，这在西方是从文艺复兴时期开始萌芽，到工业革命时期才逐渐成熟的，在中国则是清代后期在外来的影响下逐步形成的。

> 图1-3 故宫太和殿

> 图1-4 拙政园卅六鸳鸯馆

1954年苏联展览馆的建成，标志着新中国室内设计的起步，当时的设计主要是建筑师承担，设计思想也主要沿承1949年以前建筑师们所熟悉的现代建筑思想。20世纪50年代到80年代中期，建筑设计逐步融入了本土的文化符号和形式，突出了地域特征和民族风情。随着深圳等南方地区建设热潮的高涨，各类宾馆、饭店的工程中急需大量的设计人员，社会上已经开始出现专门从事装修装饰的工程公司。1984年，中国建筑装饰协会成立，标志着室内设计行业已经形成，全国的装饰装修行业迅猛地发展起来，大型公共建筑装饰工程相继建成，如北京的前门建国饭店（图1-5）、广州的白天鹅宾馆（图1-6）、上海的金门大酒店等。90年代开始，形成了多元化探索发展的室内设计趋势。21世纪以来，室内设计展现出了全新的

> 图1-5 北京前门建国饭店

> 图1-6 广州白天鹅宾馆

设计理念，室内设计行业的发展反映了社会经济的发展，体现了人们物质文化生活的不断改善和对精神文化生活的追求。

1.3　空间的概念

1.3.1　空间的界面

　　室内设计中的"空间"是指人们为了达到某种目的而创造的人工空间，也称目的空间，是人类有序生活组织所需要的物质产品。这类空间是由"界面"围合而成的，顶部的称"顶界面"，周围的称"侧界面"，底下的称"底界面"，如图1-7所示。一个常见的居室空间由底界面、顶界面、侧界面围合而成，如果把每个界面拆解开，那么每个界面都要从材料、尺度、造型等方面来进行设计的考虑。顶界面常见的有平顶，在平顶下也可以做出各种造型，也有如图1-8所示的坡形顶界面；侧界面的造型可以是平整规则的墙面，也可以结合家具、柜体等做出各种功能性侧界面，或者用硬包、软包等不同纹理材质来表现出多元化；底界面一般是平面形，也可以做出灵活的高差变化。空间设计既要考虑每个界面的效果，又要综合考虑各个界面围合而成的整个空间的效果。

> 图1-7　室内空间的界面

　　根据有无顶界面，可将空间分为两种：无顶界面的称为"外部空间"，如广场、庭院等，如图1-9所示的小庭院，是有底界面和侧界面的，但是没有顶界面，可以称为外部空间；把有顶界面的称为"内部空间"，如厅、堂、室以及亭、廊等，如图1-10所示。除了常规的六面体空间形式，空间还有更多元化的表现形式，如：介于室内和室外之间的界限模糊的一个插入空间，这类空间称为"模糊空间"，也称为"灰空间"，多处于空间的联系、过渡、延伸等部位。例如密斯·凡德罗于1929年设计的巴塞罗那世博会德国馆，展馆的平面轮廓近似矩形，整个建筑由主展馆、一个辅助用房和一大一小两个水池组成，展馆和庭院之间由无侧界面的灰空间连廊自然连接，使内外空间之间相互渗透、穿插，灵动有序，从而形成了多处模糊空间，如图1-11所示。

> 图1-8 坡形顶界面

> 图1-9 外部空间

> 图1-10 内部空间

> 图1-11 巴塞罗那世博会德国馆中的模糊空间

1.3.2 空间的类型

（1）按空间的形成过程分类

固定空间：是在建造房屋时形成的，由墙、顶、地围合而成的功能明确、位置固定的空间。在居住空间中，起居厅、卧室、厨卫一般不会有变化，这类被称为固定空间。在公共空间中，永久性历史建筑、博物馆、体育馆、音乐厅等，也可以当作固定空间。

可变空间：在固定空间内用隔墙、隔断、家具、陈设等划分出来的空间，即是可变空间。如折叠门、可开闭的隔断、影院中的升降舞台、活动墙面等。例如图1-12所示的葡萄牙波尔图的建筑工作室，当隔断门合起来的时候，形成一个开放的工作区，当隔断门拉开的时候，可以隔出一个会议室空间，即可形成半开放半封闭的空间形式。再如图1-13所示的住宅空间，在起居室用灵活折叠的玻璃隔断门围合出来了一个二次空间，根据主人的需求打开或关闭，既能保持一定的私密性，又能开放融合在大空间中。

> 图1-12　葡萄牙波尔图的建筑工作室

> 图1-13　住宅中用玻璃隔断门围合的可变二次空间

（2）按空间的开敞程度分类

开敞空间：以柱廊、落地窗、玻璃幕墙或带有大面积门、窗、洞口的墙体围合的空间称开敞空间，如图1-14所示。

封闭空间：以实墙或门窗洞口面积较小的墙体围合的空间，其性质是内向性的、拒绝的，具有较强的领域感、安全感和私密性，如图1-15所示。

开敞空间和封闭空间的比较：在空间感上，开敞空间是流动的、渗透的，可扩大视野，封闭空间是静止的、凝滞的，常带有私密性、安全性；在空间使用上，开敞空间的灵活性大，便于改变家具及功能布局，封闭空间的墙面多，容易布置家具，但空间变化受到限制；在心理效果上，开敞空间是开朗的、活跃的，封闭空间是严肃的、安静的、沉闷的，富于安全感；在空间性格上，开敞空间具有开放性，封闭空间具有拒绝性。

> 图1-14　开敞空间

> 图1-15　封闭空间

（3）按空间限定的程度分类

实空间：空间范围明确且具有较强的独立性。

虚空间：不是用实墙围合的，处于实空间之内，但又与其他空间相互贯通，在交通、视线、声音等方面很少有阻隔。如图1-16（a）所示，沙发下沉区域所围合出来的休息区，就相当于是一个虚空间；图1-16（b）所示的半开放式圆弧隔断分隔出来的餐厅包间，在视线、声音方面都是可流通的，也属于虚空间，使就餐的客人有相对隐私的环境。

（4）按空间的态势分类

静态空间：形式较稳定，空间较封闭，私密性比较强，与外界的联系较少，构成较单一，视觉常被引导在一个方位或落在一个点上，空间表现得清晰明确，如卧室、包厢、会议室、自习室等。静态空间在布局上一般采取对称式，从而得到一种平衡感、稳重感和安全感等，例如图1-17（a）所示的某办公空间，顶棚造型和会议桌对应，吊灯位于空间的几何中心，空间限定严谨，空间色调深沉安静。静态空间一般私密性较强，在空间布局上一般都是沿边布置，而不是处于中心地带，如图1-17（b）所示的某大学的学习室，卡座设计一般在空间周边地带沿墙布置，中心座位区也相对分隔，保持一定的私密性，柔和的色调烘托了安静的学习氛围。

动态空间：或称流动空间，具有空间的开敞性和视觉的导向性等特点，界面组织具有连续性和节奏性，空间构成形式富有变化性和多样性，如图1-18所示的螺旋状空间造型，使空间显得很有动感。动态空间也可由建筑物的功能决定，如博物馆、展厅、火车站等，其空间组织必须符合参观路线的要求。室内动态空间又分为主观的动态空间和客观的动态空间。主观的动态空间主要是取决于人为因素对空间产生的主导作用，或人在空间中随着位置、时间的变化而产生不同的感受。客观的动态空间指客观存在的动态的事物，使空间产生动势和流动感，常见到的公共空间中的扶梯、动态装置、室内瀑布等元素，都会给空间带来活跃的氛围。

(a)

(b)

> 图1-16 虚空间

(a)

(b)

> 图1-17 静态空间

> 图1-18 动态空间

室内设计
interior design

Chapter 2

第2章 核心元素1——
空间形态

　　任何复杂的空间形态构成要素都可以概括为基本要素、视觉要素和关系要素，这些要素决定了空间形态的视觉特征。点、线、面、体是空间造型的基本构成元素（图2-1），它们彼此之间可以形成空间的视觉要素，空间的整体造型就是这些元素进行聚合产生关系的结果，设计师可以利用它们来创造丰富多样的视觉效果和表达空间感。从建筑形态到室内空间、家具产品、界面（平面），在设计语言上保持一致性，空间环境才能传递出统一和谐的氛围。

> 图2-1　点、线、面、体是空间造型的基本构成元素

2.1 空间中的点

"点"是空间中最简单的构成单位，它有位置感、内在的扩张和收缩的视觉感受。室内空间中"点"的概念不是绝对的，而是相对的，只要相对于它所处的空间来说足够小，而且是以位置为主要特征的，都可以看成是点。点的形态多种多样，可以表明或强调位置，形成视觉注意的焦点。点的构成有很多，可以分成单点、双点、多点和群点。点在视觉上的远近关系不同，就形成了动感，通过点的重复和延伸的形式，创造出连续性和流动感。

单点：是凝聚点，有肯定的效应。在空间中明显、突出，有收缩效应，通过引力控制空间。当点处于中心时，点是稳定的、静止的，当点从中心偏移时，给人视觉上的紧张感和生动感。例如图2-2（a）为密斯·凡德罗设计的巴塞罗那世博会德国馆，庭院中的雕塑吸引了人们的关注，它具体的样子已经变得不那么重要了，重要的是它作为空间中的一个点的呈现，为原本均质的空间增添了亮点和凝聚力。图2-2（b）为一个餐饮空间，由圆桌围合的核心就餐区域的造型，如同空间中的一个凝聚点，形成视觉中心。图2-2（c）中墙面上的圆形造型，也形成了空间的焦点。

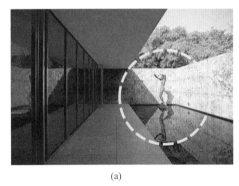  

(a)   (b)   (c)

> 图2-2 空间中单点的视觉效果

双点：两个大小相同的点各有特定位置时会产生线的联想，这是由点与点之间的空间张力形成的，故双点不能形成中心。若两个点大小不同，人的注意力会先投向大的，再移向小的，形成从起点到终点的视觉效应。

多点：多点会形成排列的线形空间和围合的虚面空间。有规则的排列可得到有序空间，无规则的排列会得到无序空间，使人产生动荡、变幻莫测的感觉。足够密集的相同或类似的点可以转化为面，点群和点群之间会产生面的效应。点群以一定规则排列，形成强烈的序列感，会给空间带来强大的视觉冲击力。如图2-3（a）（b）（c）所示，地面、墙面由点群图案的地砖、墙砖构成，空间氛围显得活泼轻快；图2-3（d）（e）展厅里的展示道具以点群的形式出现，会使空间具有强烈的视觉冲击力；图2-4为草间弥生设计的橱窗与店铺，以其个人风格鲜明的波尔卡圆点而著称。

> 图2-3　空间中多点的视觉效果

> 图2-4　草间弥生设计的展示店面中点群的视觉效果

2.2　空间中的线

　　"线"是由空间中点的移动而形成的。"线"强调物体的形状和轮廓，可以通过改变线的长度、宽度与方向并加以组合排列，从而达到不同的视觉效果，表现出形体的结构、层次以及明暗关系，使得空间层次丰富。如图2-5所示的由著名建筑大师贝聿铭设计的苏州博物馆，外立面纵横的线条勾勒出江南园林建筑的特征，将传统的牖窗及门洞造型抽象为现代的几何线条，用线条演绎出传统江南园林建筑的精髓。

> 图2-5　苏州博物馆立面上的线条

线的种类很多，可分为直线与曲线，其中直线又分为水平线、垂直线、斜线、折线等。线具有活跃性、多变性以及导向性。线出现在面的边缘、轮廓和面的交界处，由于长短、粗细、曲直、位置等的不同而产生丰富的视觉效果，如厚重、轻巧、刚强、动静等，唤起人们不同的联想与情感。位于面上的线通过分割、排列、交接，使用可调的比例、变换的尺度，再配合材质、色彩等视觉元素，形成了空间变化丰富的形态。建筑或室内空间的平面、立面中的线，可以使空间形态呈现出艺术的美感，如苏州博物馆白色墙面上的深色线条，从建筑外立面到延续到展厅室内空间，既有装饰作用，又非常恰当地表现了中国的传统建筑风格。

不同的线形会形成不同的空间氛围，带来丰富的空间变化，如图2-6所示。

> 图2-6 不同的线形带来丰富的空间变化

水平线：给人平静、安稳、舒缓的感觉，使空间具有开阔和完整的感觉。

垂直线：给人向上延伸、屹立不倒、坚强不屈之感，使人觉得空间较高。

斜线：给人躁动不安、兴奋、迅速、运动、前进之感。

折线：折线的可变性强，通常象征着动感、活力与不安定性，略带弧角的折线更因其随意性而显得温和。

曲线：富有柔性和弹性，有优美、柔和、轻盈、自由和运动变化之感。其中抛物线具有速度感，给人以流动、轻快的感觉；螺旋线具有升腾感，给人新生、希望的感觉；圆弧线具有向心感，给人富有张力、稳定的感觉；S形线具有回旋感，给人节奏、重复的感觉；双曲线具有动态平衡感，给人秩序、韵律的感觉。

2.3 空间中的面

"面"是点和线的集合，面有划分空间区域的作用，具有强调性，可以引导和暗示空间的功能，面的形态常见的有直面、斜面、平面、几何曲面、自由面等。面的形状、大小、轮廓对整个空间具有很强的控制力。在界面设计中，使用不同的材料和颜色会造成实面和虚面的区别，面上的凹凸、肌理等都会形成不同的造型语言和视觉感受，点、线、面的组合可以产生许多变化的界面。在室内空间中通过对顶面、墙面、地面的处理可以营造形式不同、视觉感受不同及心理感受不同的空间氛围。

平面：室内空间中平直的面。通常室内居住空间顶面、墙面、地面多为平面。

斜面：室内空间中有倾斜角度的面。博物馆、展馆中的过渡空间可使用斜面划分区域。

曲面：曲面也分几何曲面和自由曲面，几何曲面在严谨中伴有运动、伸展的美感，而自由曲面则在自由随意的轮廓中表现出变幻的优美。

正方形的平直、明确，长方形的刚直、舒展，圆形的稳定、柔和，三角形的有力、向上，赋予空间不同的感觉。自由平面是随意的、灵活的，使得空间轻巧灵动。点、线、面视觉元素除了能在室内空间满足人们对美的追求之外，它们的实际功能作用也非常重要。点、线、面的相互组合和穿插，会产生许多变化的界面，在空间设计中，可以追求点、线、面的和谐统一，也可以追求统一中有变化。

室内空间的形态常以长方形直面为主，这主要是因其利于空间布局、施工以及各类家具设备的布置。在实际的建筑和室内设计中，也会根据需求形成多种空间布局的形状，总的设计原则是以空间满足功能需求、体现设计主题理念和互相协调为目的，从建筑形态到室内空间的墙体、界面造型、家具产品，如果在设计语言上保持一致，再配合材质、色彩等视觉元素，就能取得整体空间环境的和谐统一。

如图2-7所示为一个现代感十足的影院空间，空间界面设计充分突出了斜面、直面等几何造型的构图特征，再配合光源、色彩与装饰雕塑，一个时尚、现代、动感、超现实的氛围就营造出来了。再如图2-8所示为上海地铁14号线豫园站，它被誉为上海最美地铁站，顶界

> 图2-7　影院空间界面设计突出面的构图特征

> 图2-8　上海地铁14号线豫园站

面采用整齐排列的流线型曲面造型，沿着空间走势蜿蜒流动，透过变换的彩色光影，形成地铁站空间的核心造型亮点。

2.4 空间中的体

在室内空间中，"体"通常指的是三维的物体或空间中的实体体积，它们以实际的形式存在并且占据着空间。建筑、雕塑和家具等都是体的应用。通过阴影、光线、纹理和色彩等方式来表现体的立体感，创造出真实感和立体感。

家具：家具是室内空间中最常见的体。沙发、桌子、椅子、柜子等具有实体体积的家具为空间带来功能性和视觉上的层次感。家具的大小、形状、材质和颜色都会影响空间的感知和氛围。

装饰物品：雕塑、花瓶等装饰物品也是室内空间中的体。它们以立体的形式存在于空间中，为室内环境增添艺术感和个性化。

建筑结构：在室内空间中，墙壁、柱子、楼梯、隔墙等建筑结构元素也是体的表现形式。这些结构不仅定义了空间的布局和分隔，还影响了空间的流动性和功能性。

光影效果：光线在室内空间中营造了虚实感和体积感。通过光线的投射和反射，可以强调或者改变体的形状和质感，使空间显得更加丰富和有层次感。

空间中的"体"具有多种重要作用，能够有效吸引人们的注意力，并且能够以多种形式存在，如图2-9所示，空间界面的造型、楼梯、装置，都可以视为空间中的体元素。体在空间中的作用和影响如下。

① 定义空间和结构：体可以定义和界定空间，创造出房间、区域或功能性空间。比如，墙壁、柱子、隔板等结构性的体能够将空间分隔开来，为空间赋予结构和组织。

② 创造层次和深度：通过放置不同大小、形状和高度的体，可以创造出空间的层次感和深度感。这种层次感能够引导人们的视线，使空间显得更加丰富和有趣。如图2-9所示的空间，其顶部使用多个聚集的绿色立方体造型，既有变化又有统一，使得空间层次丰富而独特。

> 图2-9

> 图2-9　空间中的体

③ 提供功能性：家具和装饰物等体在室内空间中具有实际的功能，比如提供座位、存储空间或者是艺术装饰。它们的位置和设计可以吸引人们前来使用或欣赏。

④ 创造视觉焦点：精心设计的体可以成为空间的视觉焦点，吸引人们的注意力。这些体可以是装饰物品、装置、雕塑，或者是独特的建筑结构等。可以根据场所空间属性及尺度放大"体"的比例，形成鲜明的主题性造型，使人们一进入空间就会被吸引。

⑤ 增强空间感：体在空间中的布置和排列方式可以增强空间感，创造出立体感和立体效果。光线和阴影也能够强调体的形状和质感，使其更加引人注目。

例如图2-10所示的西安大悦城商业综合体一层大厅"勿空美食街区"，就是以"孙悟空"的大型雕塑作为主题性装置，将其设置在大厅的中心区域，以契合其所在地的唐文化、佛教文化、西游主题文化，使该地成为"网红打卡"之地，令人印象深刻。这个"孙悟空"装置雕塑，就是整个空间中最显眼的体元素。

> 图2-10　西安大悦城商业综合体"勿空美食街区"

在现代室内设计、艺术创作领域、现代建筑设计中，点、线、面、体作为造型构成的基本元素，已成为视觉艺术的重要理论基础。从狭义的标志、徽标、图形设计、广告扩展到一切工业产品的创作与设计，可以说无一不是点、线、面、体与时代理念的结合，不是浅层次的"拿来"与"运用"，而是追求深层次的文化和精神内涵，兼收并蓄、相互融合，成为一种新的表达方法。

室内设计
interior design

Chapter 3

第3章　核心元素2——
空间功能

　　室内空间设计的核心永远是满足用户对于空间的"功能"需求，明确设计的目的是什么，这个空间能够给用户提供什么功能，需要解决什么问题。针对用户对于室内空间的每个需求，设计者需要提出具体可行的解决策略，如空间的各个区域之间怎么划分，各个功能区域的面积是多少才能够满足使用，空间的家具设施怎么布局才能用起来很方便，通往各个区域的活动路线是否科学合理，灯光色彩氛围是否令人称心如意……每一个需求看似简单，其实背后都需要反复推敲和精心设计，需要认真思考尺度、风格、材质、色调、陈设之间的匹配是否合理、和谐。

3.1　空间功能需求分析

　　用户对空间的需求有显性的需求，也有隐性的需求，显性需求是用户自行提出的比较明显的需求，可以通过基本的方案来解决，而隐性需求是潜在的，用户不一定能明确提出，但是在使用过程中会潜移默化受到影响，如果设计者提前为用户想到了，那么设计出的空间就会更加人性化，用户在使用时就会更加便利，避免到了后期在使用过程中才发现问题再去寻求解决方案。这就要求设计者需要把控全局，提前部署，结合用户的功能需求提出新的设想，在功能分区、交通流线、空间形态上都要仔细斟酌。

　　首先，设计者要获知用户需求，可以通过访谈、调查问卷、观察等方法来获取一手资料，再将收集到的数据进行定性及定量的统计分析。

　　接着，需要将前期获得的用户需求分类安放，这里介绍一种梳理空间功能需求的方法——"泡泡图"分析法，即把每个功能区画成一个"泡泡"，主要功能的泡泡可以画大一点，次要功能的泡泡可以画小一点，功能邻近的区域可以将几个泡泡紧邻布置，泡泡之间可以用连线相连接，可以用不同粗细程度的连线来表示密切程度，以体现不同空间彼此之间的关系。泡泡图可以体现各个功能区域之间的逻辑关系、紧邻布置程度，但是不体现各具体空间的比例、大小、尺度，这样的功能分析简图称为功能关系图，也称为功能分析泡泡图（图3-1）。它可以明确表达空间的功能分区及空间组织关系，以及人在空间中的行为顺序，是进一步进行空间设计的依据。在泡泡图的基础上，可以进一步进行空间的布局规划思考，划分出不同的功能区，对标平面布置的草图方案。

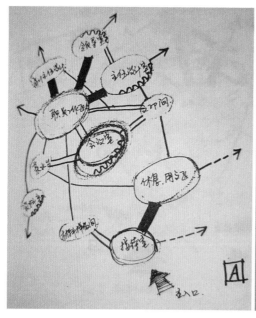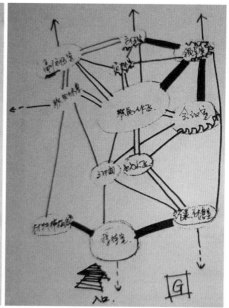

> 图3-1　功能分析泡泡图

3.2 空间的序列

人的每一项活动都体现出一系列的过程，这种活动过程都有一定的规律性或行为模式，活动过程所对应的空间秩序即可理解为"空间的序列"。室内空间设计就要按这样的序列来安排，每个空间序列会对应相应的功能区域，以用户的活动过程为依据，把各个功能区域作为相互联系的整体来考虑，就形成了统筹全局的设计思路。空间序列的全过程可以按照"起始阶段—过渡阶段—高潮阶段—终结阶段"来进行设置，每个阶段又有各自倾向的设计要点。

空间序列的起始阶段：通常指空间功能区域的开始，比如住宅的门厅、博物馆的前厅、商业店铺的入口等。"起始阶段"空间在设计时需要引起人们的关注、吸引人们的注意力，因此设计时可以重点打造，突出造型、色彩等特点，使入口区域有足够的吸引力，如图3-2所示。

(a) 餐厅入口　　　　　　　　　　　　(b) 科技馆展厅入口

> 图3-2　空间序列的起始阶段

空间序列的过渡阶段：通常指空间功能区域的过渡缓冲区，如走道、长廊、博物馆展馆的序厅、餐饮空间的等候区等，虽然其不是核心区域，但是处在通向核心区域的位置，设计时可以营造"引导、启示、酝酿、期待"的感觉，如图3-3所示。这部分区域的优势是往往有很大的界面可以利用，如通道的墙面、顶面等，可以结合一定功能充分发挥设计创意。

空间序列的高潮阶段：是整个空间序列中最重要的区域，通常指承载了空间核心功能的区域，是整个空间设计的重点和亮点，要在功能、造型、色彩、材质等各方面重点突出，充分体现设计的主题特色，在顶面、地面、墙面等各个界面都可以重点渲染。例如博物馆展馆的核心展厅、商业空间的中庭、住宅空间的客厅、独立店铺的核心展示区等，如图3-4、图3-5所示。

空间序列的终结阶段：通常指整个空间的结束区域，如电影院空间的出口区域、博物馆或展览馆空间的尾厅区域等，设计的时候需要使人们的情绪恢复平静，不用大力渲染，在格调上保持一致，或者在精神上有升华即可。

空间序列的四个阶段组成了空间序列的全过程，每个阶段承载了一定的空间功能，需要根据人的活动把功能对应到合适的区域中，每个阶段需要突出的设计要点如图3-6所示。

> 图3-3 空间序列的过渡阶段

> 图3-4 科技馆核心展厅

> 图3-5 办公空间核心办公区

空间序列的全过程

起始阶段　足够的吸引力

过渡阶段　引导、启示、酝酿、期待

高潮阶段　设计核心

终结阶段　恢复平静

> 图3-6 空间序列的全过程

一个使人感觉良好的空间环境，其空间的序列感一定会表现得非常充分，会无形中引导着人们的动线和情绪感知，因此在设计空间环境时，无论是功能设置、动线设置还是装饰陈设等，都需要遵循空间序列设计的原则。例如电影院的空间序列（图3-7），一般是按照人的行为动线将各个区域进行串联：走进门厅—买票—取票，取完票后如果电影还没开始，则可以在休息厅休息，或者去卫生间、去售卖区买零食、去夹娃娃机等娱乐区玩耍等，电影开始后则进入观众厅，结束后则进入出口区域，一系列活动统领了电影院空间的功能布局。

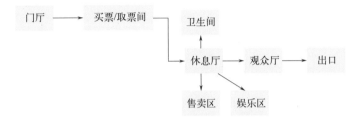

> 图3-7　电影院的空间序列

　　以西安M3电影院设计为例，来感受一下影院空间的序列感：如图3-8所示，该影院以太

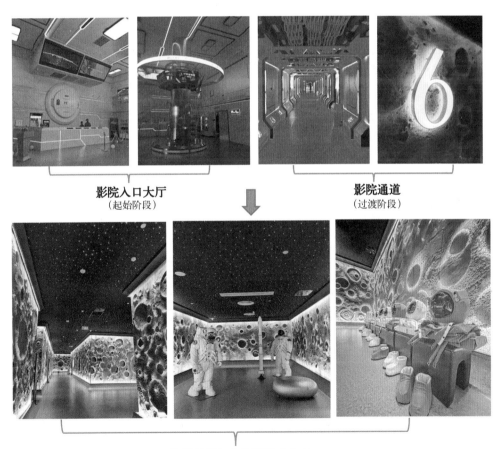

> 图3-8　西安M3电影院空间序列

空为主题，打造沉浸式场景感，在影院的入口大厅，即空间序列的起始阶段，设置了太空舱造型的装置，将人们的注意力迅速吸引过来；接着走过类似时光隧道的通道，这里的设计属于过渡阶段，引导游客前行，使其对前方充满期待；通过漫长的时光隧道，最后走到了开阔的中庭空间，这里设置了太空飞船模型，游客还能穿上宇航员服装沉浸式体验太空登月的场景，该空间设计使游客的兴趣高涨，极大地提高了游客的参与互动性，空间达到设计的高潮阶段。

再如图3-9所示的博物馆空间序列，按照游客的参观行为来设置整个空间布局，前厅是游客进入博物馆首先到达的区域，这里所提供的功能为咨询、售票、存放物品、上卫生间等，即该区域为空间序列的"起始阶段"。前厅往往会设置一个主题性装置或雕塑等，目的是引起人们的注意力。接着游客会进入序厅，即空间序列的"过渡阶段"，序厅相当于正式参观的前奏，这里一般会对展品进行简单的介绍。接着就会到达空间序列的核心"高潮阶段"——展厅，即游客主要参观的区域，一般又会根据展示内容分为几个不同的展厅，每个展厅都会充分表现和展品相关的设计理念，在创意和手法上会大力渲染。参观完各展厅后游客会步入尾厅，即空间序列的"终结阶段"，这里一般会提供休息、购买礼品等功能。整个博物馆的空间功能区域是和游客的行为活动一一对应的，游客行为动线的梳理和细化对空间布局起着关键的作用。

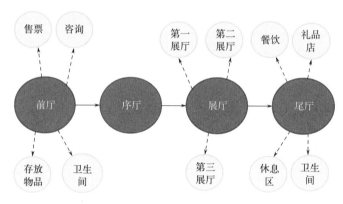

> 图3-9 博物馆的空间序列

3.3 空间的布局划分

明确了空间的功能和序列之后，需要结合建筑自身原始结构特征进行空间的布局划分，在限定的结构范围内既有制约性，又有极大的自由性。常见的做法有依据建筑的结构柱网格局进行室内布局的划分，部分空间按柱网、部分空间不完全按柱网格局来划分。

3.3.1 依据建筑的结构柱网格局进行室内布局的划分

室内设计是在建筑框架已经存在的前提下所进行的二次空间划分，对应每个功能区域需要配置合适的面积，一般会遵从原先的建筑结构柱网格局，划分出水平或垂直的功能空间。

建筑的结构柱网又称承重结构轴线网，如图3-10所示，常见有规则式柱网和不规则式柱网。规则式柱网是从自然中抽象出来的，构成要素具有几何形的严整性，构成组织也遵循严格的数学规律，并且其整齐、稳定和明晰的理性关系，更容易被人们把握和运用，因此其成为创造建筑空间形态的一种主要形式。不规则式柱网，其构成要素多为自由的线或形状各异的格子，整体组织无清晰的规律，存在于自然形态中的柱网多属此类。其中方形柱网最为经济合理，且适用面广；三角形柱网个性鲜明、结构稳定；正六边形柱网形似蜂房；放射形柱网表现出强烈的向心性，有利于突出建筑的中心感。设计师可以在固定的结构柱网中根据功能要求和造型需要，灵活划分室内空间。图3-11为某餐饮空间的平面布置图，大部分包间的隔墙位置正好在柱网上，充分利用了结构柱的跨度，这样划分的平面就会整齐有序、易于施工。

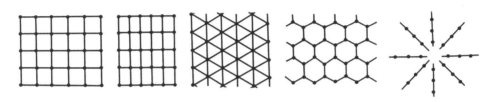

> 图3-10 建筑的结构柱网

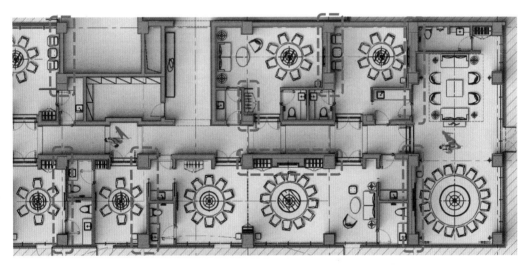

> 图3-11 依据结构柱网划分的餐饮空间

3.3.2 空间的规整与灵活并存

大部分空间是在满足需求的前提下依据结构柱网进行排列的，但这样的空间形式会稍显单调，如果想要营造更多内部空间的灵活变化，可以在统一中寻求变化，部分空间不完全依据柱网来划分，比如可以处理成斜角、与柱网成45°角，或者是流线型、圆弧形的空间形式，如图3-12、图3-13所示，会显得整个空间平面布局更加灵动丰富，使空间的规整与灵活并存。

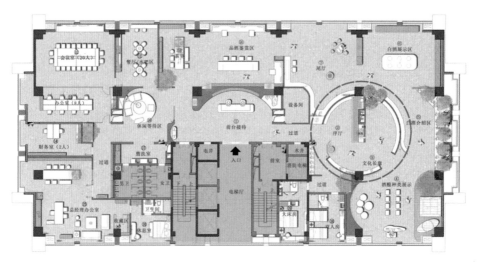

> 图3-12 部分功能区隔墙处理成户型

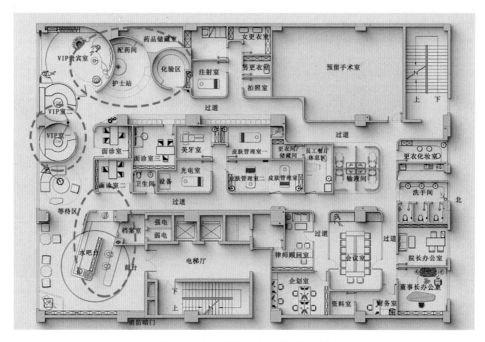

> 图3-13 部分空间不完全依据柱网划分

3.4 分隔空间的基本方式

3.4.1 按分隔的程度分类

不同的功能区域之间怎么分隔，是我们处理空间划分的具体问题，可以采用实体隔墙这一类的绝对分隔形式，也可以采用弹性隔断等相对分隔的形式，具体来看，可以按照分隔的程度分为以下几种。

绝对分隔：用墙（包括承重和非承重）来分隔，分隔出来的空间就是房间，空间的封闭程度较大，墙体的材料和形式也是多种多样的，如图3-14所示。

相对分隔：不用墙来分隔，可以用隔断来划分，保持视线和声音的交流，被分隔出来的空间封闭程度较小，如图3-15所示。

弹性分隔：用活动隔断（如折叠式、拆装式隔断）分隔空间，根据空间的使用而随时灵活变化，如图3-16所示。

> 图3-14　绝对分隔

> 图3-15　相对分隔

> 图3-16　弹性分隔

象征性分隔：用不同的材料、色彩和图案来划分空间，这种分隔形式是象征性的，其实并没有把空间实质性地分开，但是在感觉上空间被分成了不同的区域，如图3-17～图3-19所示。

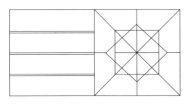

图案不同

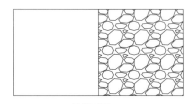

材料不同

> 图3-17　象征性分隔

> 图3-18　用颜色来象征性分隔空间

> 图3-19　用材质来象征性分隔空间

3.4.2 按分隔的方向分类

垂直分隔：利用与地面垂直的构件分隔空间，比如立柱、灯具、顶部的造型等，可以限定出部分区域，使其形成相对独立的一部分，如图3-20所示。

水平分隔：用与地面平行的元素（比如台阶、高差、局部升高的台地、局部下沉而形成的下沉式空间等），将空间在高度方向上分为不同的部分，如图3-21所示。

空间在具体划分时可以根据原始户型的特点、设计创意等，采用多种形式和多种风格的分隔方式，有形的、无形的、实的、虚的，如采用墙体、立柱、家具、栏杆、台阶、屏风、隔扇、篷罩、景物等各种元素，在垂直或水平方向进行具体划分，或是使各种色彩、材质等体现在不同的界面上，进行无形的象征性划分。

> 图3-20 垂直分隔

> 图3-21 水平分隔

室内设计
interior design

Chapter 4

第4章 核心元素3——空间界面

室内空间的环境是由室内空间的围合面，即地面、墙面、顶面围合而成的，我们称之为室内界面。空间的产生需要界面，界面和空间相辅相成，空间是主，界面是辅，没有空间，界面的存在毫无意义，没有界面，空间也不存在。通过对室内界面的设计，可以将空间形象、空间尺度、空间序列进行再优化及创新，创造一个优雅、温馨、舒适、健康的室内环境。同时，在进行界面设计时，室内设计师需要将结构、给排水、照明、消防、暖通、电气等诸多专业同空间界面设计紧密结合，虽然这些专业同室内设计看似相距甚远，但其影响到了室内空间最后的使用性和美观性，对于整个空间的功能有着至关重要的影响。

4.1 顶界面

顶界面主要分为平顶和吊顶。在楼板下面直接用喷、涂等方法进行装修的称平顶，在楼板下面另作顶的称吊顶或天花、天棚。顶界面起保温、隔热、防雨、悬挂、吸收和屏蔽杂音等功能，还可隐藏管道、管线和一些设备。常见的做法有轻钢龙骨纸面石膏板吊顶（图4-1）、木饰面板吊顶、装饰玻璃吊顶、铝扣板吊顶等。

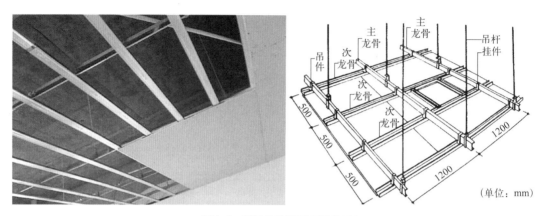

（单位：mm）

> 图4-1 轻钢龙骨纸面石膏板吊顶

顶界面的形态、材质多种多样，设计时应根据空间环境的功能性质和空间的具体情况而定，以下列举几种常见的顶界面形式（图4-2）。

① 平面式：顶面平整、造型简洁，多使用装饰板材，如石膏板、矿棉板、铝扣板等，也可采用喷涂，刷浆，贴壁纸、壁布等方式，没有任何的造型和层次。常结合发光壁龛、发光顶棚、灯带等照明设施，用于室内面积小、高度较低，或有较高的清洁卫生和光线反射要求的房间，例如住宅、教室、办公室、手术室等空间。

② 悬吊式：在楼板或屋面板上吊挂装饰织物、吸声材料、装饰板材或其他形式的吊顶，借助悬吊空间可隐藏原建筑结构的梁体或线管。这种吊顶往往是为了满足声学、光学、装饰效果等方面的需求，如住宅中的回型周边吊顶，歌剧院、音乐厅、体育馆等室内空间的造型吊顶，新颖独特的造型给室内空间增添一定的艺术氛围。

③ 网格式：主次梁交错形成井字梁结构或木梁等假梁结构的网格顶，形式简约大方，富有韵律感。通常配有灯具，与我国传统藻井相似。一般用于大空间，也可用于划分空间区域，例如门厅与回廊空间的天棚。

④ 结构式：结构式顶棚利用屋顶结构的构架，结合灯具与顶部设备，不做过多的装饰，有较强的建筑科技感与工业感，多见于体育馆、航站楼等空间。

⑤ 曲面式：将顶棚做成筒拱顶和穹隆顶，用于跨度较大、空间宽敞的车站、商场等。

⑥ 分层式：也称叠落式，整个天花有几个不同的层次，形成层层叠落的态势。

(a) 平面式　　(b) 悬吊式　　(c) 网格式

(d) 结构式　　(e) 曲面式　　(f) 分层式

> 图4-2　不同的顶界面形式

4.2　侧界面

侧界面在室内空间中起围合、间隔和保暖等作用，是室内空间垂直方向的界面，有开敞和封闭两大类，开敞的指列柱、幕墙、有大量门窗洞口的墙体和隔断，封闭的主要指实墙。根据私密性或开放性的要求，侧界面采取相应的间隔或围合形式。人的视线垂直于侧界面，是经常看的区域，所以墙面等侧界面的设计在室内空间中占重要的地位，既要结合一定的功能性，又要突出色彩、材质、造型等特点，营造良好的空间氛围。侧界面常用的装饰形式如下。

① 涂刷类墙面：常见的室内墙面涂刷材料有乳胶漆、抹灰水泥砂浆、白灰水泥砂浆、覆盖钢筋灰、麻刀灰、石灰膏或石膏，以及拉毛灰、拉条灰、扫毛灰、洒毛灰和各种喷涂涂料等。

② 木墙面：具有质轻、强度高、韧性好、热工性能差、触感好等特点，纹理、色泽优美，易于着色、油漆，便于加工、安装，但需注意防止挠曲变形，应予防火、防虫处理。除了用实木，从经济角度考虑，也常用实木铁皮、木饰面板等来替代实木，一样有木纹的视觉效果，其工艺和效果如图4-3所示。

③ 板材类墙面：常用的板材有石膏板、金属板、铝塑板、玻璃、塑料板及石棉水泥板等。

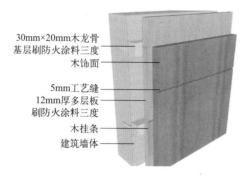

30mm×20mm木龙骨
基层刷防火涂料三度
木饰面
5mm工艺缝
12mm厚多层板
刷防火涂料三度
木挂条
建筑墙体

> 图4-3　木墙面工艺及效果

④ 石材类墙面：浑实厚重，耐久、耐磨性好，纹理、色泽美观，可做凿毛、亚光、镜面等多种处理，也可做曲面、饰以花色线脚等多种处理。装修墙面的石材有天然石材和人造石材两大类。如图4-4为结合了石材、储物、展示、视听的墙面。

⑤ 瓷砖类墙面：表面光滑，吸水率小，易于清洗，耐酸耐碱，多用于厨房、卫生间、实验室等场所。

⑥ 裱糊类墙面：主要是指用墙纸或墙布装饰的墙面，如图4-5所示。

⑦ 软包类墙面：以织物、皮革等材料为面层下衬海绵等软质材料的墙面，如图4-6所示。

⑧ 玻璃类墙面：玻璃类墙面常用作隔断、装饰等，常用的玻璃有磨砂玻璃、长虹玻璃、玻璃砖、LED玻璃等，既分隔了空间，又保持了一定的光线投射。

> 图4-4　结合了石材、储物、展示、视听的墙面　> 图4-5　裱糊类墙面　> 图4-6　软包类墙面

侧界面设计在实际使用中往往会结合储物、展示等功能，有时同一面墙可能有几种不同的做法。但需要注意的是，无论怎样设计，应该有主导的方法使其保持一致性，否则容易造成空间效果的不统一。

4.3　底界面

底界面主要指地面，需考虑耐磨、防滑等安全性，室内地面的形式可满足一定的空间功能，也有划分空间区域、导向的作用。地面的设计要与整个空间相协调，与顶棚、墙面的造型相呼应，并考虑颜色、材质、图案的匹配，既要满足实用性又要满足美观性。室内底界面常用的材料有地砖、木地板、陶瓷锦砖、橡胶地面等。

室内底界面的特殊形式包括下沉式地面和抬升式地面。

（1）下沉式地面

下沉式地面与周围地面产生一定落差，标高低于周围地面，产生鲜明的界限与室内落差感，如图4-7所示。根据空间条件与功能，可以有不同的下降高度，少则一二阶，多则四五阶不等，下沉空间具有较强的围合感与安全感。例如，客厅的下沉，在人们休息、交谈时更显私密性，随着视点的下移，空间感也会加强。

（2）抬升式地面

与下沉式地面相反，室内地面局部的抬升也可形成一个鲜明的空间界限，抬升式地面表现出一种强调、突出的感觉，形成视觉焦点，使人们留下深刻的印象，如图4-8所示。抬升式地面常适用于展览展示空间，使展品一目了然，还可用于公共空间中，划分区域、形成卡座。

> 图4-7　下沉式地面

> 图4-8　抬升式地面

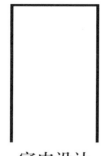

室内设计
interior design

Chapter 5

第5章　核心元素4——
　　　　形式美法则

　　美学法则多指形式美法则，是指人类在创造美的形式、美的过程中对美的形式规律的经验总结和抽象概括，如：重复、节奏、近似、渐变、对称、均衡、比例、对比、和谐、虚实等。室内设计中需要运用各种美学法则，结合功能、形态特征，体现在空间的界面造型、空间布局、装饰陈设等各方面，营造出具有美学特征的空间环境。

　　室内设计中的形式种类很多，它们的共同目的就是在满足功能要求的前提下使空间视觉效果更加美观。比如：对比，在设计中将两个明显的元素放在同一个空间中，使其形成强烈的反差，既协调又对立，从而获得互相补充和互相满足的效果；对称，这是传统技法中的形式美，给人带来整齐有序、庄重和谐之美；层次，室内设计中要想得到丰富的视觉效果，那么空间层次的变化必不可少，色彩的冷暖变化、造型的大小变化、纹理的复杂程度等，都是富有层次的设计变化；均衡，通过一些等量而不等形的形体构建及色彩的配置，达到活泼、优美、生动、和谐的效果；还有和谐、呼应、延续、独特、色调等，都是室内设计中形式美的体现。

5.1 对称法则及应用

所谓对称，就是以一个点或一条对称轴为中心，两边的形状和大小一致，并且呈现对称分布，事物的色彩、影调、结构统一和谐的现象。对称的构图是室内设计与装饰陈设的常用手法。对称可以分为绝对对称与相对对称，其中相对对称用得比较多。相对对称即是局部的不对称，使空间在对称中产生一种可变化的美。从家具、灯具到装饰画、工艺摆件、绿植等，处处都体现出了对称美，让人感受到了有序、整齐、和谐之美。

在中式或新中式风格的室内空间中，对称手法用得比较多，体现在中式传统院落的布局、厅堂的陈设等方面，遵循中式风格的中轴对称式的设计格局，也体现了中式风格沉稳、大气的空间氛围。如图5-1所示的故宫建筑平面图，就遵循了前朝后殿、中轴对称的院落布局，

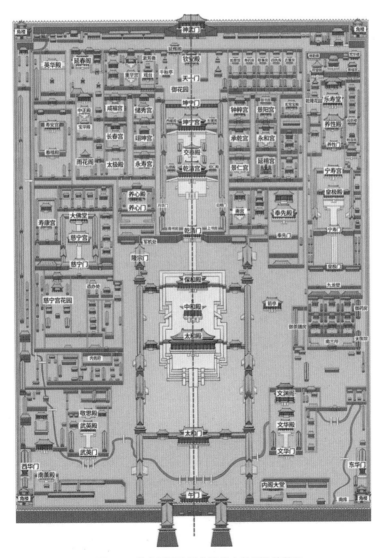

> 图5-1　故宫平面布局体现出中轴对称的特征

东西两侧的建筑呈现对称布局，严格有序。图5-2所示的北方四合院，也有一条鲜明的从垂花门到正房的中轴线，耳房、东西厢房都是沿中轴线对称布局的。图5-3所示的清代居室内布局陈设，也是沿中轴对称布局，以厅堂中间的八仙桌为对称中心，两侧对称排列太师椅。现代的新中式风格沿袭了中式风格的神韵，在空间布局方面往往采用中轴对称的形式，营造对称均衡的美感，如图5-4所示。

对称美学法则是现代室内设计中经常采用的方法，常体现在家具的布局、装饰的陈列等各方面，如图5-5所示，整体的空间氛围会显得整齐和谐、具有稳定平衡之感。

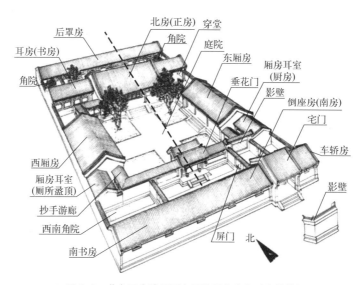

> 图5-2 北方四合院平面布局体现出中轴对称的特征

> 图5-3 清代居室陈设体现出中轴对称的特征　　> 图5-4 遵循对称美学法则的新中式空间

> 图5-5　遵循对称美学法则的室内空间

5.2　均衡法则及应用

均衡是对称结构的进一步发展，由形的对称转化为力的对称，室内设计的均衡不一定讲究形、色、量完全一致，常常运用虚实、疏密的对比照应手法来表达形体、色彩、空间和动势等多方面的综合平衡。均衡形式同样体现出各组成部分之间在重量感上的相互制约关系，因而它也是达到空间协调统一的一种手段。如图5-6所示的室内空间，以壁炉为中心，左右两边的家具或陈设品虽然不完全一样，但整体的力量感是均衡的，给人平衡稳定的感觉，这就是一种均衡。

在室内设计中最先要做的就是把控风格的均衡。确定一个统一的装饰风格，综合考虑空间类型、功能需求、使用者的偏好等因素，选定设计风格后，空间中的装

> 图5-6　均衡布置营造出统一变化的效果

饰元素就都要去顺应风格。即使是混搭风格也要讲究兼容并蓄，不能将多种风格的元素随意地堆积在一个空间，而是要经过精心的挑选，将风格协调的装修元素进行相互搭配。

其次是把握材质之间的均衡。材料的质感可以给人带来不同的触觉和视觉体验，不同的材料拥有不同的特性，并且也各有优劣，比如金属材质用太多会过于冷峻，纯粹的木质会显得太朴素。只有将不同材料相结合进行整体设计，通过多种材料质感的有机组合，才能让空间既有和谐统一的美感，又有丰富的层次和变化。

空间中的装饰色彩也同样讲究均衡，要么是冷色占主旋律，要么是暖色占主旋律，多种颜色混合搭配的背后需要的是优秀的设计技巧，协调的色调会让空间更加和谐，这也是一种均衡。

空间的明暗表现、家具陈设也能够很好地表现空间的均衡之美，利用多样化的灯光手法去营造空间氛围，协调自然光的介入与室内灯光的平衡状态，在空间自然光照不足的情况下，辅以合理的灯光设计，在满足室内明亮度需求的同时，彰显光照变化的奇妙。合理配置的陈设能够在空间中达到疏密相间、层次分明、互相照应的良好效果。

5.3 节奏与韵律法则及应用

节奏、韵律本是来自音乐的一个概念，指的是声音有规律地出现强弱、长短变化的现象。设计与音乐同为表现性艺术，设计艺术的手段与音乐艺术的手段有许多相似之处，有一些共同的美学特征，建筑或室内空间中律动性的节奏与韵律，是指单一或复杂元素通过有规则或无规则排列方式组合在一起，譬如逐渐变大、慢慢变小、变大后又变小的起伏变化等，形成一定的节奏美和韵律美。在建筑及室内空间艺术中的节奏与韵律有造型的重复，如门、窗、柱、墙面等的规律性变化；或是尺寸的重复，如柱间或跨距的尺寸，其间距可以改变，而不会破坏韵律的特点。建筑与室内空间的节奏与韵律是通过元素的重复、变化和序列来创造出一种视觉和感知上的连贯性和动态感，节奏是有规律的等距离重复，韵律是在节奏基础上有组织的变化。如图5-7、图5-8都是通过空间界面造型的有规律的重复，而形成节奏与韵律的美感。

> 图5-7 建筑外立面造型形成的节奏与韵律

> 图5-8 室内界面造型形成的节奏与韵律

界面上连续的线条：连续的线条具有流动的感觉，经过有条理的重复或排列，使人在视觉上感受到动态的连续性，从而产生节奏与韵律感。建筑外立面的窗户排列就可以创造出视觉的节奏感，通过改变窗户的大小、形状或间距来引入变化，这种节奏和变化可以使建筑外观更加有趣和引人注目。

楼梯和走廊中的照明：在室内的走廊或楼梯中，可以使用规律排列的灯具来创建节奏，这些灯具可以在空间中形成一条光的路径，引导人们的视线，同时为空间增加动感。

地面和墙面上的装饰元素：地面和墙面上的图案或材料的排列可以产生视觉的韵律感，例如在地板上使用颜色或图案交替的瓷砖，或在墙上创建重复的装饰元素，可以使空间更加有趣和有节奏。

家具和装饰品的布置：通过家具和装饰品的布置来创建节奏感，例如墙面上一系列按规律布置的装饰物，相同类型的餐桌和椅子按照规则的排列方式布置，可以形成一种节奏感。

门和门廊的序列：在建筑中，门和门廊的序列可以创造出空间的韵律感。例如通过多个拱形门廊的连续排列，可以形成一种令人印象深刻的韵律。

5.4 对比与调和法则及应用

对比是把两种特征明显对立的事物、形体、色彩等放在一个空间中使其彼此产生对照的一种设计手法，产生风格、形状、新旧、大小、黑白、深浅、粗细等对比，使空间在极大的反差中获得强烈的视觉效果，可以通过造型的对比、尺度的对比、光线的明暗对比、色彩的冷暖对比、材料的质地对比、装饰风格的对比、传统与现代的对比、虚与实的对比等，在视觉上形成一种反差，力求使空间风格产生更多层次的变化，增加空间的趣味性。调和则是将对比双方进行缓冲与融合的一种有效手段，以达到一种理性与感性兼容的效果。设计中，两种方法相互配合，便有相得益彰的效果。

形状对比：是在设计中使用不同形状的元素来创造视觉的对比和平衡，如长方体与圆柱体、规则的几何体与不规则的几何体等，对比手法使空间情感丰富、错落有致、灵活多变。例如，在一个长方形房间中使用圆形的吊灯来制造形状对比；利用墙面上不同形状的装饰物、壁画或挂画来创建对比；房间中大多数家具都是长方形的，可以添加一个圆形的桌子来打破形状的单调性。

方向对比：常表现在不同方向的构件之间，如倾斜的楼梯与垂直的柱子和水平横梁的对比，平展的排椅与垂直悬挂的灯具之间的对比等。

材质对比：不同材料具有不同的质地，有的光滑，有的粗糙；有的轻薄，有的厚重；有的柔软，有的坚硬；有的温暖，有的冷硬。如果将它们适当搭配，形成材质上的对比，必将增加空间环境的表现力。

虚实对比：一般用建材构成的封闭界面称为实面，用玻璃、柱廊、花格、孔洞等构成的界面，由于能够给人以空透感，常常称为虚面。实面与虚面相搭配，或以实为主，或以虚为主，或上虚下实，或上实下虚，或虚实相间，能够使空间更富有变化，更有感染力，如图5-9所示。

装饰风格对比：通常在装饰风格与陈设元素方面，体现出东西方不同文化的碰撞。东西方装饰元素在风格、色彩、材质、布局等方面都存在显著差异，这些差异在对比中产生美感。东方风格通常以简约、自然、传统为特点，如日式禅意、中式古典等，西方风格更倾向于复杂、华丽，如巴洛克、洛可可风格，强调装饰性和视觉冲击力。通过这些对比，室内空间可以展现出独特的个性和文化融合，使居住者能够在一个空间内体验到不同文化的审美和哲学。如图5-10、图5-11所示。

> 图5-9　虚实的对比

> 图5-10　现代与传统的对比

> 图5-11　东西方装饰元素的对比

5.5　比例与尺度法则及应用

比例是物与物的相比，表明各种相对面间的相对度量关系。尺度是物与人（或其他易识别的不变要素）之间相比，不需涉及具体尺寸，凭感觉上的印象来把握一种尺度均衡的感觉。

黄金分割比是设计中常用的比例数值，把一条线段分割为两部分，使其中一部分与全长之比等于另一部分与这部分之比，其比值是 $(\sqrt{5}-1):2$，取其小数点后三位的近似值是0.618。由于按此比例设计的造型十分和谐，因此称为黄金分割，也称为中外比。黄金分割在造型艺术中具有极高的美学价值，不仅体现在绘画、雕塑、音乐、建筑等艺术领域，而且在管理、工程设计等方面也有着不可忽视的作用。

黄金矩形的长宽之比为黄金分割比，即矩形的长边为短边的1.618倍。黄金分割比和黄金矩形能够给画面带来美感，令人愉悦。在很多艺术品以及大自然中都能找到黄金分割比，例如我们熟知的金字塔、巴黎圣母院、凯旋门、埃菲尔铁塔、古希腊的巴特农神庙等，都应用了这个黄金比例，如图5-12所示。除了黄金分割比，斐波那契螺旋线也是设计中常用的比例准则。斐波那契螺旋线，又称"黄金螺旋线"，是根据斐波那契数列画出来的螺旋曲线，自然界中存在许多斐波那契螺旋线的图案，它是自然界中最完美的经典黄金比例。斐波那契螺旋线的作图规则是在以斐波那契数为边的正方形拼成的长方形中画一个90°的扇形，连起来的弧线就是斐波那契螺旋线。它可以应用在标识设计、建筑设计、室内设计、产品设计、摄影、绘画等众多领域，号称最完美的构图方式。《蒙娜丽莎》中蒙娜丽莎的脸同时符合黄金矩形和斐波那契螺旋线，还有古希腊神庙外立面的山花及立柱的尺度，正好构成了斐波那契螺旋线，如图5-13所示。

> 图5-12　黄金分割比

> 图5-13　斐波那契螺旋线

室内设计
interior design

Chapter 6

第6章 核心元素5——
色彩

　　室内色彩设计是室内设计中至关重要的一环，色彩搭配需要遵循一定的理论，本章涉及对于色彩的深度认知，包括色彩的三大属性、物理效应、心理效应、色调图和色彩的协调问题，通过丰富的案例向读者展示了色彩设计的方法和在实际空间中的应用技巧，尤其探讨了室内色彩设计中的四个关键角色：背景色、主体色、配角色和点缀色，通过合理搭配这些色彩角色，设计师能够创造出既和谐又有视觉冲击力的室内色彩环境，满足不同空间的审美需求。和谐的色彩不仅能改变人们对空间大小和形状的感知，还能在视觉上营造不同的氛围和情绪。

6.1　色彩的定义

我们的生活离不开色彩，色彩也影响生活的方方面面。色彩更是室内设计的核心元素之一，影响人对空间的第一直观印象。色彩是室内设计中的重要工具，可以用它来创造特定的情感、改善空间感和突出设计元素。因此，在设计过程中正确选择和组合颜色是非常重要的，这能够确保最终的室内空间达到所期望的效果。

在物理学中，我们了解到光是由不同波长的电磁辐射组成的，每个波长对应一种颜色，人眼能看到的仅仅是电磁波波长中极小的一段，即波长在380～780nm范围内的电磁波，称为可见光，当光线照射到物体表面时，物体会吸收某些波长的光并反射其他波长的光。这些反射的光线进入我们的眼睛，通过视网膜上的感光细胞，最终被大脑解释为不同的颜色。因此，色彩确实是一种感知，是由物体的光学性质和人眼大脑系统的相互作用共同决定的。

1676年，艾萨克·牛顿对色彩进行科学研究，通过"三棱镜"成功将一束看似无色的太阳光，通过镜面折射出红、橙、黄、绿、青、蓝、紫七种颜色所组成的光带，这是现代意义上第一个色彩光谱。随着科学技术的发展，现已证明的人眼可辨别的色彩种类达一万七千余种。综上所述，产生色彩这种感觉基于以下三种因素：光、物体对光的反射以及反射对人视觉器官的刺激。不同波段的光打到物体上，被物体反射的那部分光就成了此物体的"色彩"。

6.2　色彩的属性与类别

6.2.1　有彩色系与无彩色系

人眼所能识别的颜色丰富多样，总体来说可以分成两个大类，即有彩色系与无彩色系。有彩色系是能够显示色相与纯度属性的色彩范畴，即有彩色系具备了色彩全部的色相、明度、纯度三种属性。所有色相环上存在的色彩均为有彩色。根据不同的有彩色给人感觉的不同，可以将其分为冷色、暖色和中性色。

与此相反，无彩色系没有彩调，其是黑白色系及其中间出现的一系列灰色。无彩色系没有色相与纯度的变化，只有明度的变化，也就是广义上的中性色。中性色具有调和作用，没有任何色彩偏向，它们其中任何一种颜色与有彩色系中的任何色搭配，都可以起到调和、协调、过渡作用。

6.2.2　三原色

色彩中不能被分解的基本色为原色，原色可以合成出其他颜色，而其他颜色不能还原出原色，三原色又按其混合属性的不同，分为了光色三原色与物色三原色，我们在室内设计范围讨论的三原色通常是指物色三原色，物色三原色为：红、黄、蓝，通常以颜料等物体形式出现，将其两两混合，能够得到3个二次色，也称"间色"（图6-1）。红色与黄色组合得到橙色，红色与蓝色组合得到紫色，黄色与蓝色组合得到绿色，将二次色与组成二次色的某个基色继续混合得到6个三次色，也称"复色"，一般被接受的三次色有：蓝紫色、红紫色、红橙色、黄橙色、黄绿色、蓝绿色。

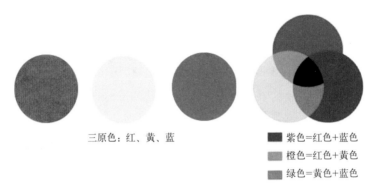

三原色：红、黄、蓝

■ 紫色=红色+蓝色
■ 橙色=红色+黄色
■ 绿色=黄色+蓝色

> 图6-1　原色与间色

6.2.3　色彩三属性

（1）色相

色相指色彩所呈现出的相貌，是一种色彩区别于其他颜色最准确的标准，除了黑、白、灰三色，任何色彩都有色相。色相可以通过色相环来直观表现，色相环是一种圆形排列的色相光谱，色彩是按照光谱在自然色中出现的顺序来排列的，常见的色相环分为12色和24色两种。即便是同一类颜色，也能分为几种色相，如红颜色可以分为浅红、粉红、桃红、深红等。

有序的色相环能够清晰地表达出色彩平衡、调和后的结果。12色相环由原色、二次色与三次色组合而成，24色相环是基于奥斯特瓦尔德颜色系统的基本色相，即黄、橙、红、紫、蓝、蓝绿、绿、黄绿8个基本色相，每个基本色相又分为3个部分而组成的24个分割的色相环，如图6-2所示。

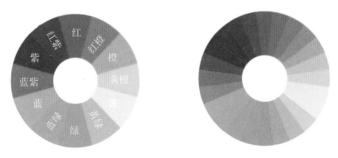

> 图6-2　12色相环和24色相环

同类色：色相环上夹角在30°以内的色彩称为"同类色"，相当于一种色相。

邻近色：色相环上夹角在60°以内的色彩称为"邻近色"，色相对比差异不是很大。

互补色：色相环上夹角互为180°的一组色彩称为"互补色"，具有极其强烈的对比。

对比色：色相环上夹角互为120°的一组色彩称为"对比色"，也叫"间色""间隔色"，色彩对比较大，在色环上看，如红配黄、橙配绿、黄配青等。

如图6-3～图6-7所示，同类色、邻近色、互补色、对比色所呈现的空间氛围和视觉效果各有特点。

> 图6-3　邻近色、互补色、对比色

> 图6-4　同类色的空间效果

> 图6-5　邻近色的空间效果

> 图6-6 互补色的空间效果

> 图6-7 对比色的空间效果

（2）明度

明度指色彩的明亮程度。物体的表面反射光的程度不同，色彩的明暗程度就会不同，这种色彩的明暗程度称为明度。明度越高，色彩越明亮，反之则越暗淡，白色是明度最高的色彩，黑色是明度最低的色彩，按照从黑到白将明度分为17个阶梯等级，1.5～3.5为低明度，4.0～7.0为中明度，7.5～9.5为高明度，如图6-8所示。同一色相的色彩，添加白色能使其明度上升，添加黑色能使其明度下降，三原色中明度最高的是黄色，明度最低的是蓝色。

（3）纯度

纯度是指色彩的鲜艳程度，也叫饱和度、彩度或鲜度。原色纯度最高，无彩色纯度最低，纯度表示颜色中所含有色成分的比例，比例愈大，色彩愈纯，比例愈小，则色彩的纯度也愈低。高纯度的色彩加入白色和黑色，纯度都会降低。高纯度色彩的空间鲜艳明快，视觉冲击力强，低纯度色彩的空间则显得高级、柔和。按照从无彩色到彩色将纯度分为4个阶段，即无彩度、低彩度、中彩度、高彩度。如图6-9～图6-11所示。

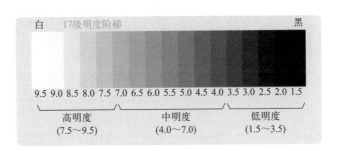

> 图6-8　明度阶梯

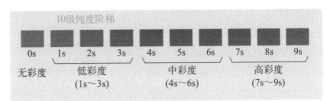

> 图6-9　纯度阶梯

> 图6-10　高纯度色彩的空间

> 图6-11 低纯度色彩的空间

6.3 色彩的物理效应及心理效应

　　不同的色彩会使人对空间的环境产生不同的视觉效应，并反映在冷暖、远近、轻重、大小等物理性质方面。不仅某一色彩会对视觉产生影响，色彩的不同组合方式也会对人对于空间的认知产生引导效果。色彩能够给人们带来温度感、距离感、重量感及尺度感等物理效应。

6.3.1 色彩的温度感

　　在现代色彩体系中，按照色彩的不同色相，可将其分为暖色、冷色、中性色，如图6-12所示。在色环中，通常情况下，从红紫、红、橙、黄到黄绿色称为暖色，以橙色最暖；从青紫、青至青绿色称冷色，以青色最冷；紫色由红（暖色）与青（冷色）混合而成，绿色由黄（暖色）与青（冷色）混合而成，因此它们是中性色。从心理学角度来看，冷暖色系的划分中运用了物体颜色与温度之间的关系，例如火焰是红色或黄色的，这两种颜色便与温暖相联系；又如蓝色是海洋的颜色，因此也常与寒冷联系在一起。暖色的空间氛围使人感到温暖而热烈，冷色的空间氛围使人感到冰凉而冷静，如图6-13所示。

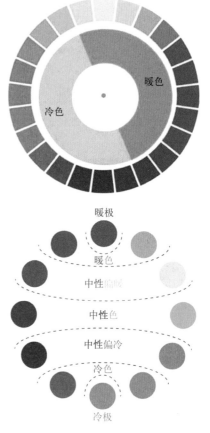

> 图6-12 色环上的暖色与冷色

> 图6-13　暖色空间与冷色空间

6.3.2　色彩的距离感

色彩可以使人感觉到进退、凹凸、远近的不同，产生视觉空间的空间尺度认知错觉。这与色彩的"明度"与"可视度"有关。一般暖色系和明度高的色彩具有前进、凸出、接近的效果，而冷色系和明度较低的色彩则具有后退、凹进、远离的效果。在空间的设计中，常利用色彩的该属性对空间远近的设计感受作技术处理。如图6-14所示，同一背景、面积相同的物体，由于其色彩的不同，有的给人突出向前的感觉，有的则给人后退深远的感觉，黄色的方形给人一种前进感，蓝色的方形给人一种后退感。图6-14中绿色的墙面虽然位置比较靠后，但是给人往前突出的视觉效果。

> 图6-14　色彩的距离感

6.3.3　色彩的重量感

色彩的重量感主要取决于明度和纯度，如图6-15所示，同样重量的箱子，明度越高显得越轻，明度越低显得越重，所以黑色箱子比白色箱子显得沉重。明度高的色彩，如桃红、浅黄、浅粉等，会使空间氛围更加轻松；明度低的色彩显得重，会给人带来一种沉重感，如褐色、墨绿、蓝灰等。通过使用不同明度、纯度的色彩，来表现室内空间的氛围是轻松的、轻快的或是庄重的、严肃的，如图6-16所示，高明度色彩的卧室显得轻松而温馨，低明度色彩的办公空间显得严肃而稳重。

> 图6-15　明度越高显得越轻

> 图6-16　高明度空间与低明度空间

6.3.4　色彩的尺度感

色彩具有使物体显得膨胀或收缩的视觉特性，暖色和明度高的色彩具有扩散作用，因此该颜色的物体显得大，而冷色和暗色则具有内聚作用，因此该颜色的物体显得小。尺度感可以用来改变物体的尺度、体积、空间感，使室内各部分之间更为协调。例如在尺度较小的空间中，如果墙面是明度较高的色彩，墙面就会产生膨胀、扩张、突出的感觉，空间就会显得小，如果再配置了明度高的家具，这个空间就会显得更小，因此小空间的空间界面更适合用冷色或明度较低的暗色，同时匹配同色系或邻近色的家具等软装，使家具和空间界面产生融合之感，整体界面有后退、收缩的感觉，空间就会显得大一些。如图6-17所示的两个空间，墙面和沙发分别使用了明度较高的暖黄色和明度较低的蓝灰色，蓝灰色的空间尺度感会显得大一些。

> 图6-17　明度较高的暖黄色和明度较低的蓝灰色

6.3.5　人对色彩的心理反应

人对不同的色相会产生不同的心理反应，人会将色彩与之前累积的记忆、情绪、思想变化等产生联想，从而形成一系列的色彩心理反应，产生色彩情感与色彩意象。了解色彩的情感意义与意象，能够有针对性地根据居住者需求选择适合的空间配色方案。人们对色彩的象征含义的体验，既有一定的特殊性，也具有普遍性。一般情况下，我们可以遵循一些常规的共性体验。

红——象征激情、热烈、热情、积极、喜悦、喜庆、愤怒、焦灼；

橙——象征活泼、欢喜、爽朗、温和、浪漫、成熟、丰收；

黄——明度最高，象征愉快、健康、明朗、轻快、希望、明快、光明；

黄绿——象征安慰、休息、青春、鲜嫩；

绿——令人平静、松弛、放松，象征新鲜、安全、安静、和平、年轻；

青绿——象征深远、平静、永恒、凉爽、忧郁；

青——象征沉静、冷静、冷漠、孤独、空旷；

蓝——象征安静、清新、舒适、沉思；

青紫——象征深奥、神秘、崇高、孤独；

紫——象征庄严、不安、神秘、严肃、高贵。

6.3.6　PCCS色调图

色调是色彩外观的基本倾向，指色彩的浓淡、强弱程度，在明度、纯度、色相这三个因素中，某种因素起主导作用，就称之为某种色调。在室内色彩设计中，色调可理解为色彩的浓淡程度，是由色彩的纯度和明度值交叉构成的，同样也影响空间的整体氛围。即使是同一种色相，只要色调不同，给人的感觉就是有区别的；反之，即使是不同的色相，只要色调接近，也具有统一感。色彩学专家将所有的色调进行了更加系统化、区域化的整理，让人们可以更直观地了解色调的微妙变化，这就是PCCS色调图，如图6-18所示，它是日本色彩研究所研制的色彩组织系统。PCCS色调图最大的特点是将色彩的三属性关系综合成色相与色调两种观念来构成色调系列，横轴表示纯度的变化，纵轴表示明度的变化，从两个维度展示了每一个色相的明度关系和纯度关系，从每一个色相在色调系列中的位置，明确地分析出色相的明度、纯度的成分含量，将色调分为淡色调、淡浊色调、灰色调、深暗色调、浅色调、柔色调、浊色调、暗色调、明色调、强色调、深色调、艳色调共12个色调。以下详细介绍几种主要色调。

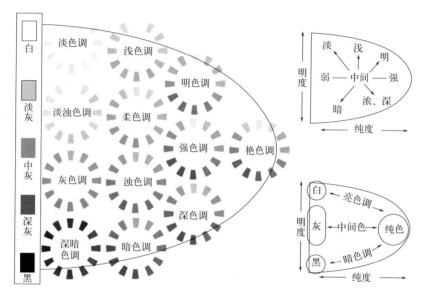

> 图6-18　PCCS色调图

① 艳色调：艳色调是不掺杂任何白色、黑色或者灰色的最纯粹的色调，纯度高，因此非常具有刺激感，在家居软装中大面积使用需要注意搭配。

② 明色调：在纯色调中加入少量白色形成的色调就是明色调，与艳色调相比减少了热烈的感觉，给人非常整洁、干净的感觉，是被大众广泛接受的色调。

③ 强色调：在纯色中加入一点黑色调所形成的色调即为强色调，是由健康的纯色和厚实的黑色组合而成的，具有很强的力量感和豪华感，但比纯色多了一丝内敛感，给人整洁、干净的感觉，是一种非常大众的软装色。

④ 暗色调：在纯色加入多一些的黑色就会形成暗色调，它是健康的纯色与具有力量感的黑色结合形成的，所以具有威严、厚重的效果，特别是暖色系，更有传统韵味。

⑤ 深暗色调：纯色与很多的黑色调和后就会形成深暗色调，此类色调是除了黑色外明度最低的类型，具有黑色的一些特点，庄重而严肃。

⑥ 柔色调：在纯色中调和入少量高明度的灰色，形成的色调即为柔色调。该色调更具有现代感，能够表现出柔美而素净的感觉，很适合营造高品质的家居氛围。

⑦ 浊色调：在纯色中混入中明度的灰色，形成的色调就是浊色调。将纯色的活泼与中灰色的稳健融合，能够表现出兼具两者特点的感觉，营造出的空间氛围更加成熟、稳重，但也不失活泼。

⑧ 灰色调：用纯色和大量的深灰色混合，就能够得到灰色调，兼具暗色调的厚重感和浊色调的素净感，非常稳重，能够塑造出朴素的、具有品质感的氛围。

6.4　室内色彩设计的基本要求

在进行室内色彩设计时，应首先了解以下问题。

① 空间的使用目的。应确定该室内空间是住宅、办公空间，还是娱乐、医疗、休闲空间，不同属性的功能空间，色彩设计需要满足不同的属性需求。例如医院病房的色彩一般是淡雅的蓝色或宁静的绿色，有利于病人心理上在治疗过程中产生良性互动；暖色调的医疗空间一般是用于比较特殊的患者，如老年疾病、重症、忧郁症患者等，使患者在心理上感到温暖；儿童病房的色彩则可以活跃一些，以缓解儿童就医的紧张情绪，如图6-19所示的儿童医院。

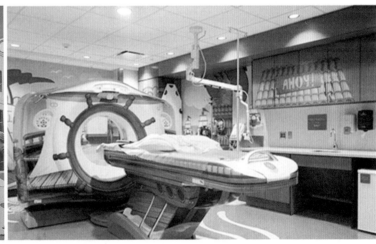

> 图6-19　国外某儿童医院

② 空间的大小和形式。色彩可以按不同空间大小、形式来进一步强调或削弱，若空间空旷或狭长，空间界面可以采用高明度或高饱和度的色彩，形成界面突出的感觉，从而削弱空旷感和狭长感；如果空间面积较小，低明度或低饱和度的色彩会更适合，空间会显得大一些。

③ 空间的方位和朝向。处于不同方位和朝向的建筑在自然光线作用下的色彩是不同的，冷暖感也有差别，可利用色彩属性来进行调整，例如我国朝向为北的建筑室内空间，自然采光条件一般较差，全天无直射光，空间显得较阴冷，可用暖色调或明度较高的浅色调，来弥补采光较弱的缺陷；朝向东、南的建筑室内空间，自然光线好，色彩的使用也更多元化，可以根据个人喜好来确定。

④ 使用空间的人的类别。老人、小孩等不同的使用者对室内色彩的要求有很大的区别，色彩应适合居住者的身心特征。例如老人房的色彩宜柔和，令人感觉平静，有助于老人休息，老人房应尽量安排在朝南或东南的房间，不宜用太鲜艳的颜色，也不宜用太阴冷的颜色。儿童房根据儿童年龄段的特征，配色方案应有所不同，颜色选择对儿童成长和心理发展有着重要的影响。针对幼儿，可以选择柔和、温暖、明度较高的色彩，如粉色、浅蓝色等；针对学龄前儿童，可以加入更多明亮、活泼的色彩，如黄色、橙色等，既要注重色彩的对比，又要注意和谐统一，避免过于刺眼或混乱。

⑤ 使用者在空间内的活动及使用时间的长短。如教室、车间等不同的工作场所要求不同的视线条件，长时间活动的房间应考虑色彩搭配使人不易产生视觉疲劳。

6.5　色彩的协调问题

在色环中相距180°的两种颜色是反差最强的互补色，间距在60°以内的色彩是关系最为协调的近似色（邻近色）。

① 近似协调：近似协调是使用色环上相邻的色彩搭配进行设计，相距60°范围内的色相都属于近似色。近似色之间的色彩色相倾向一致，尤其以同组内的冷色或暖色更为明显，其色调统一和谐，情感特性一致。近似协调具有稳定、内敛的效果，搭配使用给人统一和谐的美感，如图6-20所示的空间色彩，属于红色-橙色-黄色这个区间，空间显得很协调。

② 对比协调：我们知道对比色是指在色相环上位于180°相对位置上的色彩，如红和绿、黄和紫、橙和蓝，采用对比色或者再加入对比色中一色的相邻颜色，组成两个或三个颜

> 图6-20　近似色形成的近似协调

色的对比，其中一色应占支配地位，这样即可形成对比协调（图6-21）。对比的色调具有很强的视觉冲击力，给人深刻的印象，可以营造出活泼、明朗的氛围，对比协调在色彩之间的对立、冲突所构成的和谐关系也别具一格。对比协调可以通过处理主色与次色的关系实现，也可以通过色相间秩序排列的方式实现。如图6-22所示的几个空间都是采用对比协调的配色方案，空间氛围显得活泼、鲜明，视觉效果强烈。

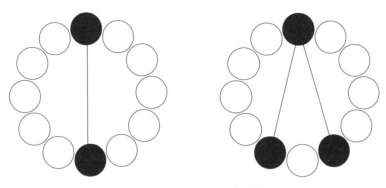

> 图6-21　两色/三色对比协调

> 图6-22　对比协调的配色方案

室内空间的色彩设计，只要遵循了色彩的近似协调或对比协调，就能达到空间色彩氛围的统一和谐，尽量选择近似协调或对比协调其中一种，不然色彩太多就不容易控制。除了两种或三种色彩的近似或互补，还有如下稍微复杂一些的搭配方式。

① 三色对比：由色环上形成三角形的3个颜色组成空间的色调，如图6-23所示。这种搭配方式会形成强烈的色彩视觉效果，适于主题氛围较活泼的空间，如休闲娱乐空间，或者面积较大的空间，也可以通过降低明度、饱和度来使色

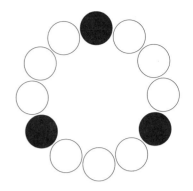

> 图6-23　三色对比

彩效果更柔和一些。如经典的风格派代表建筑施罗德住宅（图6-24），其配色——红、黄、蓝三原色，就是典型的三色对比，其从色彩到造型、从室内到室外处处都体现了风格派的特点。

② 双重互补：同时运用2组对比色，采用4种颜色，如图6-25所示。这种配色方式对小空间来说可能会造成混乱，对大空间来说可增加色彩变化，每组对比色在应用时也是其中一个占主要地位，应用的面积较大，另一个占次要地位，不要各占50%，或者其中一种颜色占最多，其他三种颜色占少数。多种色彩可以采用同一个明度。例如某餐厅的设计中采用了红和绿、黄和蓝两组对比色，其中绿色面积最多，其次是红色，黄色和蓝色仅占很小一部分。

> 图6-24　施罗德住宅

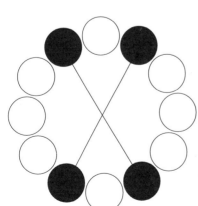

> 图6-25　双重互补

③ 无彩色：无彩色系就是由黑、白、灰组成的色系，没有彩调，包括黑白色系及其中间出现的一系列灰色，没有色相与纯度的变化，只有明度的变化。但在室内设计中，除了黑、白、灰之外，粉白色、米色、灰白色、卡其色等均可以认为是无彩色。无彩色具有调和作用，没有任何色彩偏向，它们其中任何一种颜色与有彩色系中的任何颜色搭配，都可以起到协调过渡的作用。例如建筑大师贝聿铭设计的北京香山饭店（图6-26），为了表达如江南民居般朴素雅静的意境，在色彩上采用了接近无彩色的体系为主题，融入了传统园林建筑的色彩，不论是墙面、顶棚、地面还是家具、陈设，都贯彻了这个黑白灰无彩色主调，墙面上的门窗造型源于苏州园林的漏窗符号，给人统一的、完整的、深刻的、难忘的、有强烈感染力的印象。

> 图6-26　香山饭店

6.6　室内色彩的四角色

室内空间中不同部分、不同区域的色彩，都在空间中承担了不同的角色，合理搭配各个角色，使其相互产生关联作用，是室内色彩设计的关键。

6.6.1 背景色

背景色在整个空间中占有绝对的面积优势，对整体空间的效果起到决定性的影响，背景色如墙面、地面、天棚等的颜色，作为大面积的色彩，对其他室内物件起衬托的作用。在一个空间中，只要更换背景色，空间整体的色彩氛围也随之改变，可以说背景色决定了房间的色彩基调。例如图6-27所示：红色的顶面有干扰、重的感觉，红色的墙面有向前、缩进的感觉，红色的地面则会使人产生留意、警觉的感觉；褐色的顶面有压抑之感，褐色的地面有稳定之感；蓝色的墙面则产生延伸空间的感觉，蓝色的地面使得空间显得轻快、动感。

红色天棚：干扰，重　　　红色墙面：向前的、缩进的　　　红色地面：留意的、警觉的

褐色天棚：沉闷压抑　　　褐色地面：稳定沉着　　　蓝色墙面：冷和远，　　　蓝色地面：运动的感觉
　　　　　　　　　　　　　　　　　　　　　　　　促进加深空间

> 图6-27　背景色

背景色决定了房间的基调，家具及陈设都在这个基调氛围下进一步搭配协调。如图6-28

> 图6-28　背景色决定了房间的色彩基调

所示的空间，背景色为深红色，其他区域采用和深红色相互协调的红褐、米白、金色等色彩，房间的大基调就定为这种暗红色系，热烈、大气又不失沉稳。若背景色为橡皮粉，其他区域采用柔和的灰色和咖色，房间的大基调就显得温馨柔和。

在顶面、墙面、地面等所有背景色界面中，墙面背景色更为重要，墙面占据人的水平视线部分，是视觉的核心。改变墙面背景色，是改变空间整体色彩感最直接的方式。背景色作为室内的基色调，提供给所有色彩一个舞台背景，通常选用低纯度、含灰色成分较高的颜色，可增加空间的稳定感。

6.6.2　主体色

在背景色的衬托下，以在室内占有统治地位的家具、陈设等的色彩为主体色，也称"主角色"，如沙发、衣柜、桌面、大型雕塑等的颜色。不同空间的主体不同，所以主体色也不是绝对的。主体色始终是功能空间的核心视觉中心，如厨房的橱柜色、客厅的沙发色、卧室的床具色等，在没有家具和陈设的大厅或走廊，墙面色彩则是空间的主体色。主体色的配色有两种方式，一是主体色与背景色呈协调关系，二是主体色与背景色呈对比关系。

协调：应选择与背景色相近的颜色作为主体色，如同一色相或者类似色，这样的视觉效果比较柔和协调，主体色与背景色有融为一体的感觉，如图6-29所示。

> 图6-29　主体色与背景色协调

对比：应选用背景色的对比色或背景色的补色作为主体色，这样的效果视觉冲击更大，更吸引人的关注，如图6-30所示。

主体色是室内色彩的主旋律，决定环境气氛，在小房间中，主体色宜与背景色相似，融为一体，使房间看上去大一点；大房间中可选用背景色的对比色作为主体色，突出效果，以改善大房间的空旷感。想要打造整体协调、更加沉稳的空间，往往选择与背景色同色系或相近色系的主体色。

> 图6-30　主体色与背景色对比

6.6.3　配角色

配角色是为了更好地映衬主体色，二者搭配能使空间色彩更加生动，从而构成统一协调的基本色调。配角色的使用面积比主体色少一些，可以体现在一些小件的家具上，如茶几、边柜等。配角色通常需要与主角色存在一些差异，以凸显主角色，近似或对比均可，若配角色与主角色形成对比，则主角色更为突出，若配角色与主角色采用邻近色，则会显得统一和谐。如图6-31所示的空间中，沙发的黄色为主体色，圆茶几的绿色则为配角色；图6-32所示的空间中，在白色的背景下，柜子的蓝色为主体色，旁边椅子的绿色则为配角色。

> 图6-31　配角色与主体色对比

> 图6-32　配角色与主体色邻近

6.6.4 点缀色

点缀色也称装饰色，作为最后协调色彩关系的"中间人"，它是必不可少的，通常指空间内的装饰陈设物的色彩，如画品、摆件、靠包、灯具等面积较小的物品的色彩。点缀色使空间色彩层次更加丰富，能够起到画龙点睛的作用，其通常是空间中的亮点，能够打破配色的单一感，塑造生动的视觉效果。点缀色需要依靠于主体色或者是背景色，如沙发抱枕的背景色就是沙发的色彩，点缀色的背景色可以是整体空间的背景色，也可以选择主体色或配角色作为点缀色的背景色。如图6-33（a）中马头装饰品的红色、靠包的黄色、花瓶的绿色都是点缀色，使得空间更为活跃，点缀色与点缀色之间可以呈现近似或对比的关系。图6-33（b）中地毯和单人沙发的浅蓝色协调统一，可认为是背景色，窗帘的黄色可认为是主体色，花朵的紫色、靠包的绿色等都可以认为是面积很小的点缀色。

(a)   (b)

> 图6-33 空间中的点缀色

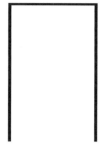

室内设计
interior design

Chapter 7

第7章 核心元素6——
装饰材料

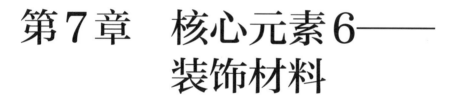

　　装饰材料是室内空间设计中重要的一部分，是空间效果得以实现的物质基础，是室内设计的重要部分。装饰材料一般指结构工程和水、电、暖气、空调管道安装等工程基本完成后，对室内空间进行墙面、顶棚、地面等装饰装修所需要的材料。这些材料适用于建筑室内空间或室内构件基层与面层，主要起到保护建筑物体、装饰室内空间的作用，还兼有保温、隔热、防火、防潮等功能作用和美化室内环境的艺术效果。在普通建筑物中，装饰费用占其建筑材料成本的50%左右，在豪华型建筑中，装饰材料的费用占70%以上。

7.1 常用的室内装饰材料

7.1.1 装饰材料的功能与特性

装饰材料应具有装饰功能、保护功能及其他特殊功能。

① 装饰功能：通过装饰材料的质感、线条和色彩来表现，不同的材质具有不同的肌理和质感，能够营造出不同艺术氛围的效果。

② 保护功能：能有效地保护建筑物主体及内部，提高耐久性，降低维修费用。

③ 其他特殊功能：有改善室内使用条件（如光线、温度、湿度）的功能，以及吸音、隔音、防潮、防灰等功能。

装饰材料的装饰特性主要通过颜色、光泽度、透明度、图案肌理来表现。颜色是装饰材料表现出来的色彩。光泽度是材料表面方向性反射光线的性质，材料表面越光滑，则光泽度越高。透明度是光线能够透过材料的性质，依据这种性质，材料可分为透明体、不透明体和半透明体。图案肌理包括材料表现出的不同花纹和图案，或将材料的表面制作成的各种花纹图案，以及这些图案表现出来的纹理特征。质感是材料的表面组织结构、花纹图案、颜色、色泽、透明性等给人的一种综合感觉，如钢材、陶瓷、木材、玻璃、呢绒等会给人带来软、硬、轻、重、粗犷、细腻、冷、暖等不同的感觉，不同材料的质感能够营造不同的空间氛围。

7.1.2 木材

木材是室内设计中最为常用的材料之一，作为建材使用的历史很悠久。木材主要有各种木制装饰板材、木地板、木线条、木制成品挂板、原木等，其种类繁多、纹样丰富。木材具有材质轻、强度高和韧性好的特点，对比其他材料具有难以替代的优越性。木材自身自然生动的纹理，具有良好的装饰效果，且不同木材的纹理、色泽不一样，会产生不同的视觉效果。木材具有良好的亲和力，能使空间产生温暖的感觉，常运用在温馨自然的室内空间。室内装饰材料中常用的木材种类丰富，具有不同的纹理和特征，以下是一些常见的木材及其特点。

水曲柳：纹理通直，花纹清晰，木材弹性好，耐湿，耐腐，硬度适中，易于加工。

柞木：以其坚硬和耐用性而知名。

榆木：花纹美丽，结构粗，加工性、涂饰性、胶合性好，但干燥性差，易开裂翘曲。

樟木：以其独特的香气和防虫特性而闻名，纹理通常较为直且均匀。

榉木：材质坚硬，纹理直且均匀，颜色从浅黄到深褐色不等，耐磨损，常用于制作高质量的家具。

橡木：质地坚硬，纹理清晰，色泽从浅黄到深褐色，耐磨损，适于制作家具和地板。

樱桃木：色泽从浅红到深红褐色，纹理通直，质地细腻，具有良好的装饰效果，常用于高档家具制作。

桦木：材质略重而硬，结构细致，力学强度大，富有弹性，但耐腐性较差，油漆性能良好。

红松：材质轻软，易干燥，收缩小，耐久性能好，易加工，常用于制作家具和装修。

柚木：耐久性高，不易腐朽和受虫害，常用于制作强度高、稳定性强的木制品。

黑胡桃木：通常以其深色和美观的纹理而受到青睐。

木材在加工后成为各种各样的板材，常见的、应用非常广泛的有如下几种。

① 饰面板：饰面板是一种人造装饰材料，具有花色丰富、纹理优美的特点，并且具有极高的装饰性，多用于柜体的外表面。饰面板的种类繁多、纹理多样，如图7-1所示。饰面板被广泛用于柜门、墙面、木门等。贴面饰面板又分为实木贴皮饰面板和人造木皮饰面板，实木贴皮即在板材表层贴的真正的实木皮，是用天然木材刨切或旋切成厚0.2～1mm的薄片，经拼花后粘贴在胶合板、纤维板、刨花板等基材上制成的，质感纹理效果极佳。

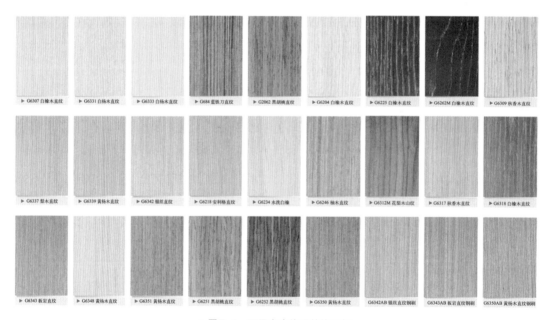

> 图7-1 不同木皮纹理的饰面板

② 颗粒板、密度板、刨花板：颗粒板、密度板与刨花板都是以木材加工的剩余物、小径木、木屑等为原料经过加工制成的。经过干燥、刨片、施胶、热压、冷却、裁边和砂光等工艺，成为板式家具、装修中广泛使用的材料。颗粒板的环保等级通常按照甲醛释放量来划分，如E1、E0等，E1级是目前大多数国家采用的较为严格的环保标准。

③ 胶合板：又称压层板、夹板，由多层薄木片叠加、胶合、定性而成。胶合板性能稳定，质轻，厚度选择范围大。

④ 细木工板：由面层胶合板和芯板构成，在室内空间装饰中，细木工板是应用量最大的基层材料，可塑性强，可以不使用龙骨直接定型，具有隔音、隔热、坚挺、易切割等特点。

⑤ 木线条：木线条是重要的装饰辅助材料，如门框线、地脚线等，一般用硬木打制而成，要求质地坚硬、细腻、耐磨且不易折裂。木线条形式多样，在实际应用中适用于多种场景，既具有美化装饰作用，也兼具实用功能。

7.1.3　石材

石材在室内设计中应用非常广泛，石材的加工也随着科学技术的发展不断精进，石材种类繁多、花色各异，主要分为天然石材和人造石材两大类。天然石材如天然大理石、花岗岩、砂岩等，人造石材市场中流行的有微晶石、岩板、水磨石等，其花纹、色泽、种类繁多，可选性很强。常以石材营造奢华、时尚、冰冷的空间氛围。

① 天然大理石：大理石属于中硬石材，构造致密，耐磨性好，耐久性好，质地密，色泽美，具有漂亮的自然纹理，如图7-2所示。天然大理石容易被风化侵蚀失去表面光泽，大部分品种的大理石可用于承载轻、磨损小的室内空间界面。

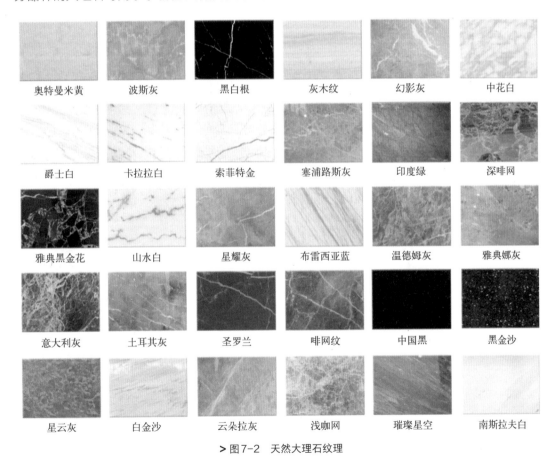

> 图7-2　天然大理石纹理

② 天然花岗岩：花岗岩结构坚硬密实，抗压强度较高，其质地坚硬、色泽美、亮度高，纹理多呈点状密纹，同时耐磨、抗风化、抗腐蚀，是使用广泛的装饰材料（图7-3）。因其不易变质，不仅在室内空间使用，在室外空间也应用较多。

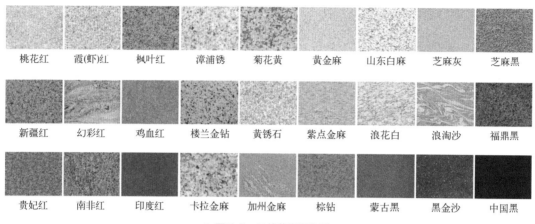

| 桃花红 | 霞(虾)红 | 枫叶红 | 漳浦锈 | 菊花黄 | 黄金麻 | 山东白麻 | 芝麻灰 | 芝麻黑 |

| 新疆红 | 幻彩红 | 鸡血红 | 楼兰金钻 | 黄锈石 | 紫点金麻 | 浪花白 | 浪淘沙 | 福鼎黑 |

| 贵妃红 | 南非红 | 印度红 | 卡拉金麻 | 加州金麻 | 棕钻 | 蒙古黑 | 黑金沙 | 中国黑 |

> 图7-3　天然花岗岩纹理

③ 人造石材：人造石材又称合成大理石，具有优良的化学、物理性能，具有强度高、抗压、抗腐蚀、耐酸碱的特性，具有仿制石材的优美花纹、色彩和光泽，且价格亲民。

7.1.4　金属

金属类材质具有特有的质感，是很好的现代装饰材料，运用较多的金属主要有不锈钢、铁、铝、铜等种类，常用于各类公共性室内空间，在家居空间内使用较少，室内设计中常用的金属材质如下。

① 不锈钢：不锈钢拥有普通钢的属性，还具有很高的耐腐蚀性。不锈钢分为普通不锈钢、彩色不锈钢、亚光不锈钢和

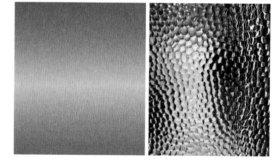

> 图7-4　不锈钢

镜面不锈钢等，不锈钢材质用在室内空间中会产生现代、时尚、工业化、冰冷的感觉。如图7-4所示。

② 铁：铁作为黑色金属，自身不具备良好的观感，但与不同颜色的油漆组合，可以表现不同气质，经过表面处理的铁，形成各种形式的铁艺，皆具有不同的装饰韵味。

③ 铝：铝在室内装饰材料的应用中通常以铝合金的形式存在，应用于各类门窗、栏杆。随着技术的发展出现了各类装饰铝板等新材料，铝板质地轻、抗老化，与各类油漆工艺结合后，具有现代金属的美感。

7.1.5　玻璃

玻璃是常用的装饰材料，具有广泛的分类和应用，其用途涵盖隔断、透光、隔热、防尘、防噪、装饰等多个方面，玻璃的种类繁多，因制造工艺的不同，玻璃也会产生不同美学效果。

① 雕花玻璃：雕花玻璃经过酸蚀或机械雕刻处理，通常呈现出花纹、图案或文本，呈现出立体感强、图案优美、装饰效果丰富、光线反射柔和的特点。雕花玻璃常用于门、窗户、隔断、灯具、餐桌和餐具等，以提供装饰性和独特的设计元素，如图7-5、图7-6所示。

> 图7-5　不同的雕花玻璃

② 磨砂玻璃：磨砂玻璃表面经过处理，呈现出模糊、半透明或不透明的外观，可以在一定程度上保护隐私。常用于隔断、门、窗户、淋浴屏风等，以增加隐私性和美感，也常见于办公室分隔墙等地方。现在流行的磨砂玻璃又根据表面肌理有了不同的名称，如长虹玻璃、方格纹玻璃、水波纹玻璃、石头纹玻璃等，如图7-7、图7-8所示。

> 图7-6　雕花玻璃

> 图7-7　磨砂长虹玻璃

> 图7-8　磨砂水波纹玻璃

③ 彩色玻璃：彩色玻璃是通过在玻璃中加入不同颜色的金属氧化物或颜料来制作的，呈现出多彩的图案和设计效果。彩色玻璃常用于窗户、吊灯、装饰艺术品等。它在宗教建筑和装饰艺术领域非常流行，以创造艺术性和宗教象征性。如图7-9所示。

④ 镭射玻璃：镭射玻璃在光线的照射下，经反射后，表面呈现艳丽的色彩和图案。镭射玻璃的视感形象变化丰富、色彩斑斓，光线强度和照射角度的变化，可以使装饰面显得富丽堂皇、梦幻万千，如图7-10所示。

⑤ 玻璃砖：玻璃砖也称水晶砖，即用透明或有颜色的玻璃制成的块状、空心的玻璃制品，或块状表面施釉的制品。通常用作室内墙体、屏风、隔断等，具有抗压、保温、隔热、隔音、透

> 图7-9 彩色玻璃　　　　　　　　　　　　　　　　　> 图7-10 镭射玻璃

光不透视等优良性能，在光线的作用下呈现不同的层次感，如图7-11所示。

这些玻璃都具有独特的外观和装饰效果，可以根据装饰需求选择适当的类型。它们可以单独使用或与其他材料和装饰元素结合，以实现各种室内和室外装饰效果。

> 图7-11 玻璃砖

7.2 通过不同质感肌理的材料营造不同的空间氛围

7.2.1 室内不同材质的选择原则

室内材质的色彩、质感、光泽、肌理等因素，都会极大地影响室内环境。一般来说，室内装饰材料的选用需要参考以下原则。

（1）与功能相适应的原则

不同的建筑空间具有不同的功能，例如法院、医院、商超、学校等都具有不同的空间功能。不同的空间功能需要运用不同的装饰材料。法院庄严肃穆，在材料的选择上通常使用质地坚硬、光泽度好、色彩稳重的材料，如大理石、花岗岩等。学校通常选择色彩简约、质地耐磨、简约实用的材料，避免干扰。

（2）与局部特性相一致的原则

装饰的部位不同，材料的选择也不同。居室空间适合淡雅明亮的装饰材料，但应避免强烈反光，通常采用墙布或亚光乳胶漆等反射低的材料。厨房、卫生间等需要重点考虑清洁问题，厨房同时还要考虑防火、防潮等问题。门厅、墙角等部分易受磨损、碰撞的区域需要考虑材料的牢固程度。空间宽大的展览馆、影剧院等，可选用表面色深、具有大线条图案的装饰材料，减轻空旷感。小尺度空间装饰建议选用细腻的、色彩具有后退感的材料。

（3）时尚、环保、安全、节俭的原则

现代室内空间的装饰材料始终在不断发展，推陈出新。空间环境不是始终不变的，更需要采用无污染，质地性能更好，更时尚、新颖的材料取代旧材料。成功的室内设计不是贵重材料的堆砌，应重点考虑适配性，根据实际需要选择材料，以深层次的鉴赏力与审美观进行设计。室内材料的选择还要考虑材料是否含有有害健康的物质，是否污染空气，是否符合室内装饰材料的安全标准。

（4）充分考虑地域差异的原则

不同地域的气候、文化都存在很大的差异，室内装饰材料的选择同样需要考虑此类因素。例如水磨石、花阶砖等材料散热快、不适合在寒冷区域使用，通常采用木地板类热传导低的材料，给使用者更舒适的体验感。在热带多雨区域，还需考虑材料的防潮、防霉等性质。同时也应考虑材料色彩给人带来的感受是否符合地域需求。在传统民族聚居区，还要考虑不同民族传统与地方特点，表现民族文化特色。

路易斯·康说过，"建筑的意志往往转换为材料的意志而得以表现"，不同的材料有着不同的物理及视觉特性，经过空间设计，可以展现出丰富的空间语义及表现力。由此可见。在整个建筑环境中，室内装饰材料占据非常重要的位置。

7.2.2 室内装饰材料样板

在为一个方案确定装饰材料之前，要经过仔细的选材、比对、搭配等环节，取各类材料的小样进行拼贴，制作成材料样板，如图7-12所示，可以清晰地将材料进行比较，直观感受这些材料的视觉效果、质感、肌理、色彩、纹样等是否匹配，以便随时调整。一个优秀的设计，所用材料必然是和谐统一的，样板展示了材料美学的特征。室内装饰材料样板是辅助我们选择、搭配材料方案的好帮手。

> 图7-12　室内装饰材料样板

7.2.3 材质应用案例

成都宽窄巷子好利来1992概念店位于成都著名的旅游景区宽窄巷子，其在材质上既包括古旧的青砖灰瓦，又使用了极具时尚特色的玻璃砖和荧光绿色亚克力，从而形成强烈的材质对比与视觉冲击。古朴、传统、现代、个性、时尚通通进行了融合，古建筑屋面檐口的瓦片与滴水、传统室内木结构的梁柱结构，与机械化的艺术装置、闪亮的银镜、透亮的玻璃砖、荧光绿的局部道具与纸袋包装形成强烈的视觉碰撞，吸引了很多顾客前来打卡消费（图7-13）。主材应用：玻璃砖、金属、亚克力、青砖。

> 图7-13　成都宽窄巷子好利来1992概念店

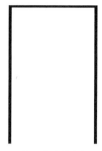

室内设计
interior design

Chapter 8

第8章 核心元素7——灯光

光是支撑人们观察世界的重要条件，光是一种能的特殊形式，可见光的波长范围在380～780nm范围内，大于780nm的红外线和小于380nm的紫外线人眼均无法看见。室内空间中的光环境主要包括自然采光和人工采光，自然采光顾名思义是指采用自然光，自然光包括直射阳光和天空漫射光，是人类生存和保障人体健康的基本要素之一，如在居室内部环境中能获得充足的日照是保证居住者身心健康的重要条件，同时也是保证居室卫生、改善居室小气候、提高舒适度等居住环境质量的重要因素。人工采光是我们依据一定的照明需求营造出来的满足人们生活、工作、学习需求的照明环境，也是室内设计中主要讲述的照明设计。

室内空间的照明不仅能满足基础的视觉需要，更是重要的美学元素，具有丰富空间内容、渲染空间艺术氛围的重要作用，直接影响了人对物体大小、形状、质地和色彩的感知。室内空间的照明设计直接影响空间最终效果。

8.1 灯光设计相关概念

（1）光通量

光源发出的能被人眼感知的辐射功率叫光源的光通量，光通量的单位为流明（lm）。

（2）发光强度

光源所发出的光通量在空间的分布密度叫作发光强度，又称光强或光度，单位为坎德拉（cd），表示光源在给定方向上的单位立体角内的光通量。

（3）亮度

发光表面在指定方向的发光强度与垂直指定方向的发光面的面积之比称亮度，也称发光度，它表示的是发光面的明亮程度，与被照面的反射率有关，单位是坎德拉/平方米（cd/m²）。有许多因素影响亮度的评价，诸如照度、表面特性、视觉、背景、注视的持续时间等，甚至包括人眼的特性。

（4）照度

物体表面单位面积内所接受的光通量称为照度，单位为勒克斯（lx）。也指物体表面所得到的光通量与被照面积的比值，1lx是1lm的光通量均匀照射在1m² 面积上所产生的照度。

（5）光的色温

光色是指"光源的颜色"，人们常把某一环境下的光的颜色成分的变化，用"色温"来表示，即色温就是专门用来量度光线的颜色成分的物理量，单位为开尔文（K）。通常生活中常见的光色在2700～6500K范围内，2700～3200K的光色呈黄色，3200～5000K的光色呈暖白色，也被称为"自然色"，而5000～6500K的光色被称为白光，大于6500K的光色被称为冷光。早上太阳刚升起时的色温大致为3300K，中午在5500K左右，大气物理状况、海拔高度等都会影响色温。光的色温如图8-1所示。

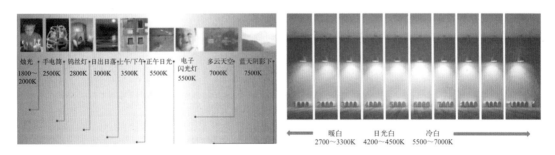

> 图8-1　光的色温

在室内设计中，光的色温会影响空间氛围。低色温的光使人感觉温暖，高色温的光使人感觉凉爽，一般色温＜3300K为暖色，3300～5300K为中间色，色温＞5300K为冷色。色温与照度相适应，即随着照度增加，色温也应相应提高。通过改变色温与照度，能够营造不同的室内气氛。例如，在低色温、高照度下，会营造出空间的炽热感；而在高色温、低照度下，则会产生神秘幽暗的氛围。色温的控制还要考虑空间色彩与物体色彩，适合的光照效果可以突出材质色彩美感，反之减弱。

（6）显色性

光源的显色性是指光源显现物体颜色的特性，显色性好的光源能更真实地呈现物体的颜色，使得颜色看起来更自然，更接近在自然光下的颜色。显色指数（Color Rendering Index，CRI）是衡量光源显色性的一种量化指标，符号为Ra，它是一个从0到100的数值，值越高，表示光源的显色性越好，对颜色的再现能力越强，80以上显色性优良，50～80显色性一般，50以下显色性差。一般白炽灯的显色指数Ra为97，卤钨灯的显色指数Ra为95～99，白色荧光灯的显色指数Ra为55～85，用于街道照明的高压汞灯的显色指数Ra为20～30。

显色效果可以分为"**忠实显色**"和"**效果显色**"。忠实显色是指能正确表现物质本来的颜色，需使用显色指数高的光源，其数值接近100，显色性最好。效果显色是指要鲜明地强调特定的色彩，可以利用加色的方法来加强显色效果。如采用低色温光源照射，能使红色更加鲜艳；采用中等色温光源照射，能使蓝色具有清凉感；采用高色温光源照射，能使物体有冷的感觉。如图8-2所示的一盆水果，在使用低色温2700K光源照射时，红色愈发鲜艳，水果显得更加新鲜可口，这就是"效果显色"，当色温逐渐升高，尤其是在高色温4100K光源照射下，水果显得没有那么鲜艳了，而是有些偏白。

| 2700K | 3000K | 3500K | 4100K |

> 图8-2 不同色温的显色效果

8.2 材料的光学性质

光遇到物体后，某些光线被反射，称为反射光；某些光线也能被物体吸收，转化为热能，使物体温度上升，被吸收的光就看不见；还有一些光可以透过物体，称透射光。这三部分光的光通量总和等于入射光通量。设入射光通量为 F，反射光通量为 F_1，透射光通量为 F_2，如图8-3所示。

当光射到表面光滑的不透明材料上，如镜面，则产生定向反射，入射角＝反射角，且二者处于同一平面；当光射到不透明的粗糙表面上时，则产生漫射光。不同材料的光学性质如图8-4所示。

> 图8-3 入射光通量
> 及反射光通量

表面粗糙材料：
粗砖
混凝土
低光泽的平涂料
石灰石
白灰粉刷
低光泽的塑料制品
砂石
粗木材

漫射光

粗糙面

表面光滑材料：
抛光铝
亮(磁)漆
玻璃
磨光大理石
抛光塑料
不锈钢
水磨石
马口铁
油光木材

光滑面

> 图8-4　不同材料的光学性质

8.3　人工照明

由于自然采光的不可控性，无法始终保持良好的光照环境，因此室内空间需要利用人工照明来达到使用需求，人工照明是夜间的主要光源，也是白天室内光线不足的重要补充光源。较亮、较强的光可以营造快乐的情绪，明亮的光线能增加情感强度并刺激情绪反应。

8.3.1　光的种类

人工照明用光因灯具的类型和造型的不同，会产生不同的光照效果，依据所产生的光线形式，可以分为直射光、反射光、漫射光。

（1）直射光

直射光是指光源直接投射到目标区域或表面上，而没有经过任何反射或散射。直射光的特点是光线相对集中，通常以较高的光照强度照亮特定区域，使目标区域明亮且有明显的阴影，直射光可用于突出展示目标区域。为避免光线直射导致眩光，常需要将直射光源与灯罩配合使用。直射光在不同的应用领域中得到广泛使用，例如图8-5所示，办公室中的书桌灯

> 图8-5　直射光

通常采用直射光,为工作桌面提供适当的照度,几乎所有的光线都集中照射在工作面上;商店橱窗顶部的射灯发出的光线也属于直射光,直接照射在模特上。此外,舞台灯光和摄影照明也经常使用直射光来控制阴影和焦点。

(2)反射光

反射光是由光线照射在其他表面后,与各种表面相互作用后被反射出来的二次光线,因此它通常是分散的光线,不像直射光那样高度定向。人们常利用反射罩作定向照明,使光线受下部不透明或半透明灯罩的阻挡,令光线的全部或一部分反射到天棚和墙面上,然后再向下反射到空间中,如图8-6所示。由于反射光被表面散射,因此反射光通常提供柔和、均匀的照明效果,减少了明显的阴影和眩光。这种特性使反射光非常适合用于创造舒适的环境照明,如家庭、餐厅、酒店客房等。

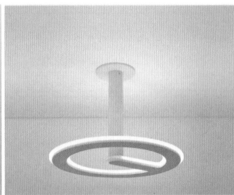

> 图8-6 反射光

(3)漫射光

漫射光是由光线通过磨砂玻璃罩、乳白灯罩或特制的格栅等散射装置而产生的,光线形成多方向的漫射,因此它的光质非常柔和,这种柔和的光线有助于减少明显的阴影和眩光,创造出一种舒适和宜人的照明环境,而且艺术效果颇佳。餐厅、咖啡馆、酒吧和商店经常使用漫射光来营造温馨的环境,以吸引客户和提供令人愉悦的用餐或购物体验。

8.3.2 室内人工光源种类

人工光源是人为地将各种能源进行转换而得到的光源,常见的人工光源有白炽灯、荧光灯、LED灯等。

(1)白炽灯

白炽灯是通过将灯丝通电加热到白炽状态,利用热辐射发出可见光的电光源。白炽灯款式多样,光源小,价格相对便宜,亮度容易调整控制,显色好,具有定向、散射、漫射等多种形式。但白炽灯也有节能性差、发光效率低等缺点,其产生的热为80%,光仅为20%,其寿命较短。

（2）荧光灯

荧光灯有暖光灯、日光灯、冷光灯之分，日光灯能清晰显色。荧光灯颜色的变化是由灯管内的荧光粉涂层控制的。荧光灯能产生均匀的散射光，发光效率高于白炽灯，具有低消耗、高输出的优点。其寿命是白炽灯的10 ~ 15倍，不仅节约能源，且能节省更换、维修的费用。同时，其形状、色彩多样，可以满足不同的艺术装饰照明效果。

（3）LED灯

LED灯是目前室内照明最常用的光源。LED灯在发光过程中不仅不产生热能，能量转换率接近100%，且使用寿命超长，节能环保，工作电压低，适用性好。但LED灯仍然存在价格贵、光衰大等缺点。尽管如此，LED灯的优势决定了其是目前取代传统灯的最优选，有着广泛的用途与市场。

8.3.3 室内照明方式

照明方式按灯具的散光方式可以分为以下几种。

（1）直接照明

全部灯光或90%以上的灯光直接照射，称为直接照明，如图8-7所示。一般裸露的日光灯、白炽灯都属于这类照明。其优点是亮度大、立体感强，故常用于公共大厅或局部照明。而缺点是易产生眩光和阴影，容易使人产生视觉疲劳，不适合视线直接接触。

> 图8-7　直接照明

（2）间接照明

间接照明指将光源遮蔽，把90% ~ 100%的光线射向顶棚或其他表面，再从这些表面反射至室内空间的照明，如图8-8所示。当间接照明紧靠顶棚时，几乎可以形成无阴影的效果，这是最理想的整体照明。间接照明的光线柔和均匀，避免了眩光的产生，暗设灯槽、檐板照明都属于此类照明方式。

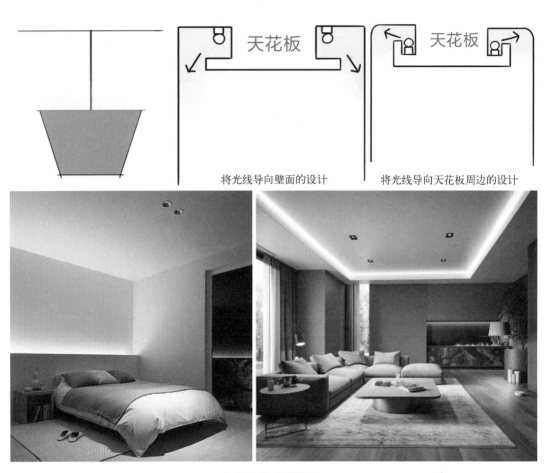

将光线导向壁面的设计　　　将光线导向天花板周边的设计

> 图8-8　间接照明

（3）半直接照明

光线60% ~ 90%向下投射到工作面，其余光线分布在空间环境中，如图8-9所示。这种照明不仅能够减少受光面与环境的差别，还可以满足从事一定活动的光照要求。半直接照明灯光不刺眼，明暗对比弱。

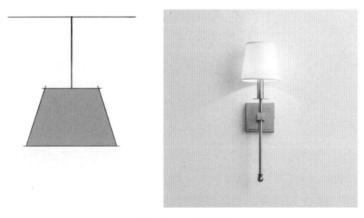

> 图8-9　半直接照明

（4）半间接照明

半间接照明是指将60%～90%的光向天棚或墙上部照射，把天棚作为主要的反射光源，而将10%～40%的光直接照于工作面。此类灯具亮度小，空间亮度均匀，但光照度损失较大，如图8-10所示。

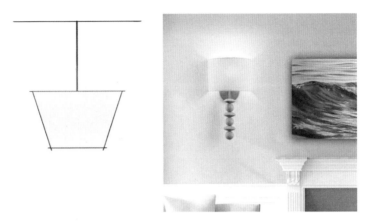

> 图8-10　半间接照明

（5）漫射照明

对所有方向的照明效果几乎都一样，光线没有受遮蔽物遮挡，均匀分布在整个光环境内，如图8-11所示。为了控制眩光，漫射装置圈要大，灯的功率要低。这类光效果较差，适合无特殊要求的空间。

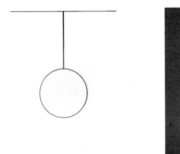

> 图8-11　漫射照明

8.3.4　室内照明布局方式

（1）基础照明

指室内空间全面的、基本的照明布局，即不考虑局部特殊需要，为照亮整个场所而设置的均匀照度的照明方式。通常是在顶棚上均匀地排列灯具，室内便可以获得较好的亮度分布和照度均匀度，所采用的光源功率大。缺点是耗电多，形式呆板。适用于无固定工作区或工作区分布密度较大的房间、照度要求均匀的空间，如办公室、教室等。

（2）重点照明

又称局部照明。是为满足特殊需要对空间局部或某一特定物体的照明。通常将照明灯具装设在某一区域或物体的上方。重点照明可以提高重点区域照度，可以根据具体需要调整光色、光线方向，从而获得合适、满意的效果。重点照明方式多用于对特定区域或物品的强化或对气氛的渲染。但在长时间持续工作的工作面上仅有重点照明容易引起视觉疲劳。重点照明是满足特定功能需要、塑造空间照明效果的重要手段。

如图8-12所示的展厅就融合了两种照明形式——基础照明和重点照明，顶部的发光灯片属于基础照明，导轨射灯的光线直接照射在墙上的展品及雕塑上，属于重点照明。

> 图8-12　基础照明与重点照明

（3）装饰照明

对于有特殊艺术效果的光环境来说，光的艺术性是另一种形态的装饰方法。装饰照明不仅能够满足照明需求、获取照度，更为重要的是其具有装饰性，是为营造空间氛围的照明。装饰照明一般是局部照明所组成的照明方式，使用装饰吊灯、壁灯等装饰类灯具装饰空间。也可采用隐藏灯具，例如LED灯带，突出物体的轮廓，增加墙体的层次感。另外在光色的运用上也丰富多变，多使用霓虹灯等突出物体特殊性，或装饰丰富空间效果。如图8-13所示的照明形式均为装饰照明。

> 图8-13　装饰照明

上述这三种照明设计方式（基础照明、重点照明、装饰照明）在照明设计中存在密切的关系，它们共同协作，以实现一个全面而令人满意的照明方案。以下是它们之间的关系。

互补关系：这三种照明设计方式通常是互补的。基础照明提供了整体的亮度，确保空间有足够的照明，而重点照明则用于特定任务或活动，弥补了基础照明的不足。装饰照明则用于增加视觉吸引力，突出特定装饰元素，也可以提升空间的整体美感。

需求匹配：这三种照明形式根据空间的不同需求和功能而有所不同。基础照明满足一般照明需求，重点照明满足具体任务需求，装饰照明满足装饰和美感需求。因此，在设计中，需要根据空间的用途和用户需求将它们进行匹配和调整。

协同作用：这三种照明方式一起工作，以实现照明设计的综合效果。基础照明提供了舒适的背景照明，使空间整体可见，而重点照明确保了特定任务的高效完成，装饰照明则增加了空间的视觉吸引力和个性化。

层次性：在照明设计中，通常采用照明层次的概念，即将这三种照明方式结合起来，以创建不同层次的照明效果。这有助于创造丰富的照明环境，同时满足各种需求。例如，可以在基础照明下添加重点照明来强调特定区域，然后再加入装饰照明以提升空间的美感。

综合而言，这三种照明设计方式在照明设计中密切合作，以满足不同的功能和美感需求。它们的协调使用有助于创造出全面且令人满意的照明效果，提升空间的舒适性、实用性和视觉吸引力。设计师需要仔细权衡它们，以满足特定项目的要求。

8.3.5 灯具的种类

（1）嵌灯

分固定式嵌灯和可调节方向式嵌灯，如图8-14所示。嵌灯是直接嵌入在天棚上的，其下表面与顶棚下表面基本相平，如筒灯和射灯。优点是简洁整齐，不占空间高度，适用于低空间。同时其具有很好的装饰效果，可以在墙面形成一片光墙，在物体顶部形成明亮区域，产生柔和阴影，形成视线焦点，层次丰富。可调节方向式嵌灯可以调节光线方向，满足直线照明、墙面照明或是背景照明的要求。

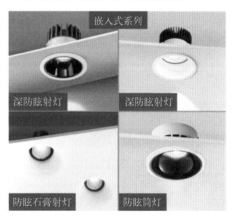

> 图8-14　嵌灯

（2）吸顶灯

吸顶灯是直接安装在天花板上的固定式灯具，如图8-15所示。吸顶灯种类繁多，有带灯罩与不带灯罩的，也有白炽灯和荧光灯，其占用空间高度小，适用于高度较低的空间。同时也是很好的直接整体照明灯具，在过道、阳台、办公室、走廊灯空间多有使用。

> 图8-15　吸顶灯

（3）壁灯

壁灯是安装在墙面或柱子上的照明工具，造型丰富，作为补充光源，是很好的辅助照明或增加空间层次的灯具，如图8-16所示。常用的有床前壁灯、镜前壁灯等。可根据空间需要选择其款式类型。

> 图8-16　壁灯

（4）吊灯

吊灯是悬挂在屋顶的照明工具，在大范围的照明和小范围的照明中皆有使用。安装吊灯必须保证空间有足够的高度。吊灯通常是空间的主照明，吊灯的造型、大小、色彩对整体空间氛围的影响非常大。如图8-17是各种类型的吊灯。

> 图8-17　吊灯

（5）落地灯

又称立灯，是一种局部照明灯具。其布置强调位置的可变性，多数立灯可以调整高度和光线角度，对空间角落的氛围营造具有很重要的意义，既有功能性又有趣味性。

（6）台灯

台灯主要用于局部照明，多在书桌和床头使用。台灯通常不仅仅是照明灯具，更是很好的装饰陈设，其形式和材料多样，还可以与各类艺术品相结合，是烘托空间氛围的重要陈设。如图8-18是各种类型的台灯与空间的匹配效果。

> 图8-18 台灯与空间的匹配效果

（7）射灯

射灯的种类丰富，有吸顶射灯、轨道射灯、夹式射灯、长臂射灯等种类。可布置在吊顶四周或家具上部，一般多以各种组合形式布置，使用灵活，不同的照射方式会产生不同的效果，达到重点明确、层次分明的效果。射灯光线柔和，既可以对整体照明起主导效果，又可局部采光，烘托气氛。

（8）灯带

一般可分为柔性LED灯带和LED硬灯条，具有灵活、柔软、能任意弯曲、可以剪切延接等特点，其适用于多种异形物体的装饰强调，易于制造图形、文字等造型。同时非常节能环保，受到大众的喜爱。

（9）光纤灯

光纤传光、发光，不发热、不导电；只透可见光，几乎不透红外线与紫外线；光损耗小，透光性强；柔韧性好，易于加工；环境适应范围广，节能环保，使用安全。点线结合，艺术性更强。

8.4 照明设计案例分析

8.4.1 苹果旧金山旗舰店的室内照明设计

苹果旧金山旗舰店的室内照明设计如图8-19所示，通过综合运用基础照明、重点照明和装饰照明，创造出一种独特的商业环境氛围。基础照明确保了整个店铺的明亮和通透，重点照明强调了产品展示和互动区域，而装饰照明增加了现代感和美感。这一综合性的照明设计有助于吸引顾客、提升品牌形象，同时为购物环境提供了舒适的背景和亮点。

基础照明：以自然光均匀照明作为基础照明，这家旗舰店著名的特点之一是其大型的玻璃立面，允许大量的自然光进入店内。这些自然光被充分利用，提供了均匀的背景照明，使整个店铺明亮而通透。此外，隐藏的灯具是人工照明的基础照明形式，为了确保照明效果均匀且不干扰店内的整体美感，基础照明中使用了嵌入式LED灯带和筒形吸顶灯，这些灯具通常被精心隐藏在建筑元素中，为整个空间提供了均匀的、无缝的基础照明。

重点照明：①产品展示区域。苹果店的产品展示区域使用了重点照明，以确保产品在最佳光线下展示。针对不同的产品，使用了投射灯和照明装置，以突出产品的特点。这种照明使顾客更容易观察和互动。②交互区域。店内的交互区域，如MacBook电脑或iPad的展示区，也使用了重点照明，确保键盘和屏幕得到足够的照明，以提供最佳的用户体验。

装饰照明：①现代感的设计元素。装饰照明在苹果旗舰店中不仅仅是提供光线的工具，它还是设计的一部分。现代感的设计元素通常包括独特的灯具，它们与建筑风格相协调，并增强了整个店铺的美感。②柔和的氛围。店内一些装饰性照明灯具提供了柔和的、有特色的光线，营造出现代而温馨的氛围。

> 图8-19 苹果旧金山旗舰店的室内照明设计

8.4.2 广东佛山希尔顿逸林酒店客房照明设计

酒店客房的照明设计至关重要，它不仅要提供舒适的照明，还要为客人提供功能性和美学体验。广东佛山希尔顿逸林酒店客房照明设计就充分结合了基础照明、重点照明和装饰照明的特征，如图8-20所示。

基础照明：基础照明在酒店客房中起着重要作用，它应该提供均匀的、柔和的光线，确保整个房间有足够的亮度。在本案例中，客房的多个射灯为整个空间提供了温馨柔和的无主灯式基础照明。

重点照明：为了提供舒适的阅读体验，客房在床头区域设置了现代感极强的拉线吊灯，以及另一侧的台灯，起到重点照明的作用，不仅在视觉效果上达到了均衡感，还提供了足够的光线供客人阅读、看手机时使用。还有洗漱台区域的折线形镜灯、浴缸区域的拉线吊灯，以及沙发旁侧的落地灯，通过重点照亮局部区域来满足客人的需求，同时为空间光线增添了层次感。这些灯具应具有适度的亮度和方向性，以减少眩光。

装饰照明：客房床头背景墙的点阵光源散发出星星点点的光线，以及局部区域的装饰灯带，都属于装饰照明的形式，以提供在夜间舒适而柔和的光线，增强客房的温馨感。

> 图8-20 广东佛山希尔顿逸林酒店客房照明设计

室内设计
interior design

Chapter 9

第9章 核心元素8——装饰与陈设

室内装饰与陈设在室内设计中起着重要的作用，它们对空间的功能性和氛围感产生深远的影响。室内装饰和陈设是赋予空间美感和个性的重要因素，它们包括家具、艺术品、墙纸、窗帘、地毯等，能够增加空间的视觉吸引力，通过选择合适的颜色、纹理、材质和款式，可以创造出不同的装饰风格，如现代、传统、复古或艺术装饰风格。当然，装饰和陈设不仅仅是为了美观，还是为了满足空间的功能需求，如壁架、书架等都有实际的功能，用于存储、展示物品，正确选择和布置这些元素可以提高空间的实用性、舒适度和美观性。

在室内设计中，空间的功能是最基础、最根本的，在满足功能需求的前提下，先做好空间的"硬装"部分，即墙面、顶面、地面及不可移动的构筑物部分，室内装饰与功能是相辅相成的，如图9-1所示。硬装完成后，室内装饰体现在空间的风格特征，装饰物造型、图案、色彩，家具，陈设品等具体的表现上，即所谓的"软装"部分，如图9-2所示。硬装与软装所有的元素之间通过色彩、纹理、造型等彼此匹配、协调，就构成了室内空间的整体氛围与格调，使空间凸显出独特的视觉效果，如图9-3所示，装饰与陈设形成了不同的空间氛围。

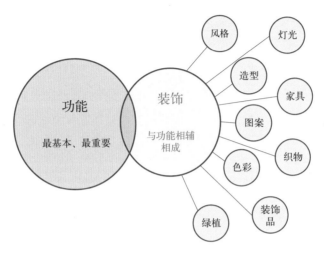

> 图9-1　功能与装饰相辅相成

> 图9-2　从硬装到软装

> 图9-3

> 图9-3 装饰与陈设形成了不同的空间氛围

　　室内装饰设计的选择与搭配，既需要设计者具备审美的敏锐性，又需要其在设计方面体现出精准性。设计者要时常训练与保持对美学的敏锐觉察力，能够恰当匹配各类视觉元素，如色彩与材质的搭配、图形与图案的搭配、不同风格的把握，为室内空间奠定格调与氛围。同样，在设计的精准性方面，一定要把握好空间的造型、尺度、地域文化等要素，兼顾感性与理性的融合，才能创造出使人身心愉悦的空间环境。图9-4总结了对于室内装饰设计的要求。

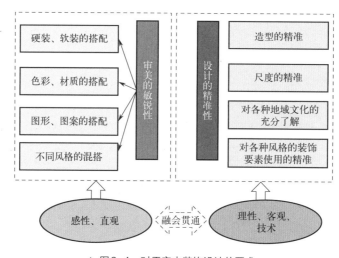

> 图9-4 对于室内装饰设计的要求

9.1　室内设计中的装饰与陈设元素

　　一般来说，我们认为室内设计中的装饰与陈设元素包括活动家具、装饰灯具、窗帘布艺、家纺、地毯、装饰摆件、画品、花卉植物。家具构成了空间的主角，室内空间的基础格调主要是通过家具来表现的，现代的、古典的、中式的还是欧式的，在设计的前期就要提前构思好采用何种家具的风格。

9.1.1 活动家具

家具是空间的主体，设计时要先定家具的风格，再定空间界面的装饰风格。家具和空间场景的装饰风格要协调一致，注意家具尺度和空间尺度的合理配置，同时必须熟知一些家具史上经典家具的名称、风格及特征。例如要烘托出中式的氛围和意境，空间家具的主体就可以选择一些经典款的中式家具，像明式圈椅、四出头官帽椅、明式案几等，则会立刻表达出古朴雅致的中式美学意境。而要表达时尚、简约的现代感空间氛围，一些经典的西方家具则是很好的主角。以下列举一些常用的经典款家具类型。

明式圈椅：是明式家具的经典代表，造型古朴典雅，线条简洁流畅，方与圆结合的造型映射了中国传统文化中"天圆地方"的宇宙观和"天人合一"的精神追求，如图9-5所示。

官帽椅：是明式家具中椅子造型的一种典型款式，四出头官帽椅的搭脑和扶手都探出头，因其造型像古代官员的帽子而得名，如图9-6所示。

明式几案：是文人书房、茶室内常用的陈设之物，反映出明式家具器型的简约精神，常采用经典夹头榫、卷云纹，在现代空间中常置于玄关、客厅等，如图9-7所示。

> 图9-5　明式圈椅　　　　> 图9-6　官帽椅　　　　　> 图9-7　明式翘头案

卡马列翁达沙发（Camalenoda Sofa）：该沙发诞生于1970年，由意大利建筑设计大师马里奥·贝里尼（Mario Bellini）设计，一经问世便因其独树一帜的模块化设计成为了时代的标志，对整个室内设计的美学思维及美学体系而言亦有着奠基性意义，如图9-8所示。

毛毛虫沙发（Togo Sofa）：世界上第一款全泡棉沙发，由法国设计师米歇尔·杜卡洛（Michel Ducaroy）设计，该沙发十分贴合人体的曲线，受外形影响，被俗称为"毛毛虫沙发"，

> 图9-8　卡马列翁达沙发

如图9-9所示。

诺尔沙发（Florence Knoll Sofa）：由著名设计师佛罗伦斯·诺尔（Florence Knoll）在1954年设计的一款以皮革加不锈钢材料为主的现代经典系列沙发，如图9-10所示。

巴塞罗那长凳（Barcelona Bench）：由著名建筑设计师密斯·凡德罗在1930年设计的作品，简约而现代的造型把极简主义体现得淋漓尽致，如图9-11所示。

> 图9-9　毛毛虫沙发　　　> 图9-10　诺尔沙发　　　> 图9-11　巴塞罗那长凳

巴塞罗那椅（Barcelona Chair）：是密斯·凡德罗在1929年巴塞罗那世界博览会上的经典之作，被视为20世纪最经典的椅子，一直流行至今，如图9-12所示。

柯布西耶躺椅（Chaise Longue Chair）：著名建筑大师、城市规划家勒·柯布西耶1929年设计的作品，如图9-13所示。

伊姆斯休闲椅（Eames Lounge Chair）：诞生于1956年，是查尔斯（Charles）与蕾·伊姆斯（Ray Eames）夫妇设计的，已经成为美国最重要的现代艺术博物馆MoMA的永久收藏品，至今仍备受世人喜爱，在2003年被列入世界最佳产品设计，如图9-14所示。

> 图9-12　巴塞罗那椅　　　> 图9-13　柯布西耶躺椅　　　> 图9-14　伊姆斯休闲椅

伊莫拉休闲椅（Imola Lounge Chair）：丹麦著名设计师亨利克·佩德森（Henrik Pedersen）于2008年设计，无论是置于家中享受慵懒一刻，还是用于各种商务、休闲场所，伊莫拉休闲椅都无疑会是焦点，如图9-15所示。

蛋椅（Egg Chair）：1958年由丹麦著名建筑师雅各布森为哥本哈根皇家酒店的大厅而设计的椅子，如图9-16所示。

叉骨椅（Y字椅）：1949年由丹麦著名设计师汉

> 图9-15　伊莫拉休闲椅

斯·瓦格纳（Hans Wegner）设计，采用独特的热蒸弯工艺，将椅背和扶手一体成型，并设计了独特的Y形椅背，为身体提供稳定而舒适的支撑，如图9-17所示。

唐纳椅（UP5椅）：意大利著名设计师盖塔诺·佩斯（Gaetano Pesce）于1969年设计的UP系列之一，以女性的身体曲线为灵感，坐感模拟了一种在妈妈怀抱里的感觉，如图9-18所示。

> 图9-16　蛋椅　　　　> 图9-17　叉骨椅　　　　> 图9-18　唐纳椅

9.1.2　灯具

灯具不仅提供了照明功能，还可以影响室内氛围和美感，灯具的选择要注重样式、风格、尺寸、色温、照度、投光方式，以及空间的功能属性，灯具的线路、开关一定要提前设计好，预埋好线管，提前确定安装方式（明装或暗装，外嵌式或内嵌式）。灯具本身可以成为室内设计的装饰元素。各种设计和风格的灯具可以增加房间的美感，为室内空间增添个性和特色，通过选择适当的灯具类型和位置，可以突出强调房间中的特定区域。灯具的颜色、形状和材质可以与空间的其他元素相协调，帮助打造统一的设计风格，精心选择的灯具可以成为室内空间的焦点，引导人们的目光，使空间更加引人注目。以下是世界著名的经典款灯具，这些灯具在设计史上具有重要地位，独特的设计使它们成为室内设计的经典。

PH系列吊灯：由丹麦设计巨匠保尔·汉宁森（Poul Henningsen）于1926年设计的系列吊灯，以其独特的多层同轴心遮板设计而闻名，这些遮板能够辐射眩光，同时只发出反射光，从而获得柔和均匀的照明效果，被视为全球绝对的设计标识，如图9-19所示。

Tolomeo灯：由意大利设计师米歇尔·德·卢奇（Michele De Lucchi）和吉安卡

> 图9-19　PH系列吊灯

洛·法西纳（Giancarlo Fassina）于1987年合作设计，以其可调节的臂和灯罩而著名，是烘托室内格调的经典灯具，如图9-20所示。

Louis Poulsen的AJ灯：Louis Poulsen是丹麦的灯具品牌，成立于1874年。AJ系列灯具是丹麦设计师阿纳·雅各布森（Arne Jacobsen）于1960年为哥本哈根SAS皇家酒店设计的，以其简洁的线条和独特的灯罩形状而著名，如图9-21所示。

> 图9-20 Tolomeo灯　　　　　　　　　　　　　　> 图9-21 AJ灯

Kartell的Bourgie灯：Kartell是一家意大利设计公司，成立于1949年，以其创新的设计和使用塑料材质的产品而闻名。Bourgie灯由意大利设计师费鲁乔·拉维亚尼（Ferruccio Laviani）于2004年设计，具有华丽的巴洛克风格，以其透明和装饰性的外观而著名，如图9-22所示。

三头落地灯：赛尔日·穆耶（Serge Mouille）是一位法国的照明设备设计师，他设计的灯具以手工制作和极高的艺术价值而闻名，其中最有代表性的是1953年设计的三头落地灯，以动态的、雕塑般的美学和引发空间运动感而著称，如图9-23所示。

Akari灯：野口勇（Isamu Noguchi）设计的Akari灯，是20世纪最具标志性的灯具设计之一，Akari系列灯具设计于1951年，以其手工制作的和纸灯罩和竹制骨架而闻名，如图9-24所示。

> 图9-22 Bourgie灯　　　> 图9-23 三头落地灯　　　> 图9-24 Akari灯

9.1.3　窗帘布艺、家纺、地毯

窗帘布艺、家纺和地毯是室内设计的装饰元素，可以增添颜色、纹理、图案和风格，使空间更加吸引人。可以根据设计主题和个人喜好来选择，从而增加设计的美感和协调性。搭配时要注意风格、图案、材质、颜色，要使其和室内空间环境所体现的氛围一致，而且它们彼此之间在色调、材质上可以互相呼应。精心选择的窗帘布艺、家纺和地毯可以成为室内设计的焦点，吸引人们的目光，为空间注入个性和独特性。

窗帘布艺、家纺和地毯的搭配是室内设计的关键部分，搭配时要根据空间风格来选择，确保它们协调一致。首先，确定整个空间的主要色调，窗帘布艺、家纺和地毯的颜色应与这一色调相协调，近似协调或对比协调都可以，确保整体的一致性。例如，如果空间的主要色调是蓝色，可以选择蓝色、浅蓝或紫色等近似系列的颜色和图案的布艺。若要使空间添加一些对比，可以选择与主要色调相对立的颜色，以在空间中引入视觉亮点，但要谨慎使用，以避免过度的强调。

9.1.4　陈设摆件

陈设摆件在室内空间的摆放、布局，对空间的协调起着画龙点睛的作用，有的摆件还含有吉祥的寓意。如住宅中经常摆放"花瓶"，寓意吉祥平安，尤其是中式风格的室内空间中必然会摆放瓷瓶，所谓"无瓷不雅"，或是镜屏（一种屏风），常摆放在案几上，寓意"平静、平安"，有的再加上钟表一起陈列，寓意"终生平安"。一些经典样式的中式瓷瓶如图9-25所示，包括梅瓶、玉壶春瓶、天球瓶、将军罐、棒槌瓶等，其花纹图案主题丰富，可以单独摆放，也可以成组搭配，对空间氛围的营造起着重要的作用。室内装饰中常将中式的瓷器和西方风格、现代风格的瓷器混搭在一起，也会产生出其不意的美感，独有情调，如图9-26所示。

陈设摆件在布置时，需要遵循"重心、三角形构图、整体感"的布置原则，"重心"即体积大、较重的东西放在下层，下段重，更有稳定感；常用"三角形构图"来平衡摆件，使其错落有致地摆放，小一点的摆件成组摆放，使其有"整体感"，塑造统一和谐的感觉，如图9-27所示。

梅瓶　　　　　玉壶春瓶　　　　　天球瓶　　　　　将军罐　　　　　棒槌瓶

> 图9-25　经典样式的中式瓷瓶

> 图9-26 用瓷器烘托空间氛围

> 图9-27 "重心、三角形构图、整体感"的陈设布置

9.2 室内装饰的风格与流派

把握各类装饰风格的核心元素，了解其背后的文化，以及将各类装饰陈设元素和现代空间灵活整合，利用构图法则、美学法则等将这些装饰元素恰当地应用到空间环境中，是做好现代室内设计的关键所在。室内装饰在不同历史时期和文化背景下发展出多种不同的风格，都是以不同的文化背景及不同的地域特色作为依据，通过各种设计元素来营造出特有的风格特征。

世界古典装饰风格出现在上古时代与中古时代，上古时代有埃及装饰、巴比伦装饰、波斯装饰、印度装饰、希腊装饰、罗马装饰、庞贝装饰、凯尔特装饰；中古时代有早期基督教装饰、拜占庭装饰、罗马式装饰、古代俄罗斯装饰、伊斯兰装饰、哥特式装饰、中国装饰、柬埔寨装饰、日本装饰。

文艺复兴时期的装饰有意大利文艺复兴装饰、法国文艺复兴装饰、西班牙与葡萄牙文艺复兴装饰、北欧文艺复兴装饰以及英国文艺复兴装饰；后文艺复兴时期的装饰包括意大利、法国、荷兰、英国后文艺复兴时期装饰；后续出现了巴洛克装饰、洛可可装饰、美国的殖民地风格装饰、18世纪古典风格复兴时期的装饰以及近现代装饰。

9.2.1　罗马式装饰

罗马式，是19世纪批评家创造出来的一个建筑术语，指欧洲11~12世纪所流行的建筑风格，后来成为一个艺术史风格时期的概念，泛指这一时期建筑、绘画、雕塑等所有艺术形式的统一风格，于11~12世纪在西欧发展至顶峰。

罗马式风格在建筑上的典型特征如下：半圆形的拱券，交错的拱顶，拉丁十字的布局，巨大而厚实的墙体，墙面用连列的小拱券，门窗洞用同心多层的小圆券，以减少沉重感；窗户较小，内部空间的气氛阴暗而神秘；在门楣上通常有取材于史诗、神话、战争或以人物为主题的装饰浮雕。典型的古罗马建筑有罗马万神庙、意大利的比萨大教堂、巴尔贝克太阳神庙等宗教建筑，还有罗马竞技场、罗马凯旋门、卡拉卡拉浴场、巴西利卡宫殿等建筑。

罗马万神庙（Pantheon）是罗马的一座古老建筑，也是罗马帝国时期最杰出的建筑之一，如图9-28所示。它最初由罗马皇帝哈德良在公元2世纪建造，用以取代奥古斯都时期建造的旧庙。万神庙是罗马多神教时期用来供奉所有神祇的神庙，其名字"Pantheon"在希腊语中意为"所有神灵"。万神庙以其巨大的圆顶而著名，其直径约43.3m，是古代世界最大的圆顶之一。圆顶顶部有一个大洞，称为"眼"，是神庙唯一的光源来源，也是通风口。万神庙的立面是一个典型的罗马神庙立面，由柱廊和三角形山墙组成，柱廊上有巨大的柱子支撑着山墙。门廊由八根科林斯式柱子支撑，柱子之间有三扇门，中间的门是主要入口。神庙的内部是一个巨大的圆形空间，中央有一个祭坛，周围环绕着神龛，用于供奉神像。万神庙展示了罗马人在建筑技术上的高超技艺，尤其是圆顶的建造，其结构和设计至今仍被建筑师和工程师所研究。

位于意大利比萨市中心的比萨大教堂，是比萨城的宗教中心和主要地标之一。罗马式建筑中常见的圆拱门在比萨大教堂中得到了广泛应用，尤其是在窗户和入口的设计上。大教堂内部

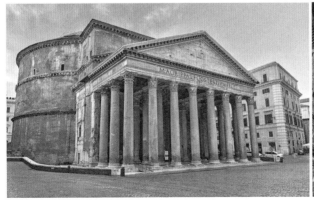

> 图9-28　罗马万神庙

的柱子和拱廊设计也具有罗马式风格的典型特征，立面和内部装饰有精美的雕塑和马赛克，比萨大教堂的平面布局遵循了传统的拉丁十字形，这也是罗马式教堂的典型布局（图9-29）。

> 图9-29　比萨大教堂

　　罗马式风格在现代室内设计中的应用主要体现在其典型元素的挖掘上，如罗马柱、拱券、穹顶等。罗马柱是罗马式风格中的首要元素，它起源于古希腊，经过古罗马的发扬光大，成为欧式建筑的标志性构件，在现代室内设计中，罗马柱不仅用于装饰，还用于分隔空间，以及作为背景墙两侧的装饰等。罗马式风格中的圆拱、穹顶和柱子都是基于几何形状的重复，这种设计手法在现代设计中也很常见，可以营造一种节奏感和统一感，如图9-30所示的设计，都是将罗马式风格元素和现代空间进行了融合，渲染出了具有古典主义特色的室内氛围。

> 图9-30　罗马式风格元素和现代空间的融合

在现代室内设计中应用罗马式风格时，应注意建筑风格整体的统一，掌握"装饰适度"的原则，以免装饰过度。

9.2.2 哥特式装饰

哥特式建筑风格起源于12世纪的法国，后来传播到欧洲各地，成为中世纪晚期和文艺复兴时期的主要建筑风格之一。以下是一些哥特式装饰的典型特征：哥特式建筑以其尖拱和尖顶而闻名，这些元素代表了其建筑风格的主要特征。尖拱常用于门窗和拱门的设计，而尖顶则出现在教堂的尖塔和塔楼上。哥特式建筑中的窗户通常采用细长的窗棂，这些窗棂形成了复杂的几何图案，为建筑增添了装饰性。此外，哥特式建筑还以其特大的花窗玻璃而闻名，这些花窗通常位于教堂的正立面，具有华丽的玻璃彩绘。门廊通常由多个尖拱构成，门楣上也常常雕刻有复杂的图案和装饰。为了支撑高耸的墙壁和尖拱，哥特式建筑采用了飞扶壁的结构。这些飞扶壁是建筑外部的拱形支撑，将重量分散到附近的支撑墙上。哥特式建筑的正立面和其他部分经常装饰有小塔楼、尖顶和尖顶窗户，增强了建筑的垂直感，建筑通常装饰有精细的石雕，拱柱也常常具有复杂的花纹和雕刻。巴黎圣母院是法国早期哥特式教堂的代表，如图9-31所示。德国的科隆大教堂是哥特式风格兴盛时期的代表性建筑，可谓哥特式教堂建筑中最完美的典范，如图9-32所示。

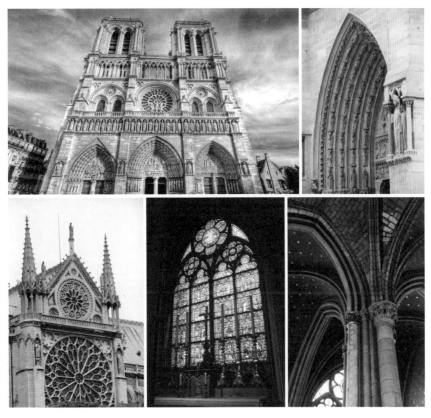

> 图9-31　巴黎圣母院

> 图9-32　科隆大教堂

9.2.3　巴洛克、洛可可装饰风格

巴洛克风格在17世纪晚期到18世纪早期兴盛于欧洲，特点是豪华、复杂和装饰性，以下是巴洛克装饰的一些主要特点：巴洛克装饰追求豪华和夸张，倾向于过度的装饰和装饰元素的丰富多彩，建筑外部和内部装饰常常充斥着金箔、大理石、宝石和精美的细节，以增加装饰的奢华感。巴洛克装饰中充满了曲线和动感，建筑立面和装饰元素常常弯曲、卷曲和扭曲，以创造立体感和视觉动态。巴洛克建筑常常具有特大的弓形窗户，这些窗户通常装饰有曲线形、扭曲和装饰性的窗框。花卉和植物图案是巴洛克装饰的常见元素，常常出现在壁画、壁纸、织物和家具上，以增加视觉复杂性。巴洛克建筑中常常使用卷云柱，这是一种螺旋形的柱子，具有装饰性和立体感，通常用于教堂的装饰。巴洛克装饰中的雕刻通常非常精细，包括人物、天使、神话故事和复杂的纹饰，用以点缀建筑、家具和装饰品。室内常常出现壁画，这些壁画以宗教、历史场景和神话故事为题材，通常装饰在拱顶和墙壁上。巴洛克装饰风格突破了古典艺术的常规性，刻意追求反常出奇、标新立异的形式，在构图上富有节奏，常用双柱，甚至以三根柱子为一组，开间的变化也很大，打破了理性的宁静和谐，具有浓郁的浪漫主义色彩。

被称为"第一个巴洛克建筑"的罗马耶稣会教堂，建于16世纪晚期，由意大利建筑师贾科莫·达·维尼奥拉设计，它是位于罗马的一座重要的宗教建筑，同时也是巴洛克风格的代表性建筑之一。巴洛克风格在教堂的立面、穹顶、祭坛和内部装饰上都有明显的体现，教堂的立面采用了曲线、雕刻和装饰性的元素，内部则具有壮丽的穹顶、镀金的祭坛和精美的壁画，充分表现了巴洛克风格的豪华、复杂和装饰性特点（图9-33）。此外，巴洛克建筑的杰出代表还有梵蒂冈的圣彼得大教堂、奥地利维也纳的壁虎庄园和贝尔维第宫。

巴洛克和洛可风格都是18世纪欧洲的建筑和艺术风格，极富装饰性，但它们在装饰和设计上有一些区别，巴洛克强调了豪华和庄严，而洛可可则强调了柔和、曲线和优雅。洛可

> 图9-33　罗马耶稣会教堂

可风格发源于法国路易十四时代晚期（1643—1715年），流行于路易十五时代（1715—1774年），风格纤巧、精美、浮华、烦琐。洛可可装饰的特点是细腻柔媚，常常采用不对称手法，喜欢用弧线和S形线，尤其爱用贝壳、旋涡、山石作为装饰题材，卷草舒花，缠绵盘曲。室内装饰和家具造型上喜用贝壳纹样曲线和呈锯齿状的叶子形状，C形、S形和涡旋状曲线纹饰蜿蜒反复，创造出一种非对称的、富有动感的、自由奔放的、纤细轻巧的、华丽繁复的装饰样式。洛可可风格不喜欢强烈的体积感，转而追求细致、精美的娇弱线条，室内不再用壁柱，改为镶板和镜子，四周用细巧复杂的边框围起来，而不用冰冷的大理石，线脚常采用多变的曲线，表现柔美的姿态，尤其喜欢在转角上采用涡卷、花草图案的浮雕来软化尖角。洛可可风格继承了巴洛克对光泽的向往，喜欢用水晶、镜子等光泽度高的材质，但要求更加细腻与精致。洛可可的英文"Rocaille"，意思是岩石和贝壳，表明其装饰形式的自然特征，喜欢用植物卷草、花卉、枝叶、贝壳、浪花、珊瑚、海藻等花纹，体现在墙面、壁炉架、镜框、门窗框、家具腿上，色彩方面尤其喜欢使用金、白、浅绿、粉红等。

　　洛可可风格的代表性建筑有：法国的凡尔赛宫、苏比斯府邸、维尔萨伊宫、奥地利的美泉宫、庞德尔玛里亚皇后宫。凡尔赛宫的建筑风格主要是古典主义风格，其立面为标准的古典主义三段式处理，左右对称，造型轮廓整齐、庄重雄伟，宫殿的内部装潢则融合了巴洛克和洛可可风格（图9-34）。凡尔赛宫的镜厅是巴洛克风格的代表之一，镜厅长73米、宽10米、高13米，大厅内有17扇高大的拱形窗户面向花园，对面则是17面镜子，由483块镜片组成，这些镜子反射着窗户外的景色，使整个大厅显得更为明亮和宽敞，拱形天花板上装饰着勒布伦的壁画，描绘了法国历史和神话中的重要场景。王后居室是玛丽·安托瓦内特和其他法国王后的私人生活空间，包括卧室、更衣室、接待室和娱乐室等。18世纪，洛可可风格开始在法国宫廷中流行，特别是在路易十五和路易十六时期，洛可可风格盛行，王后居室细腻的壁画、粉彩、金箔、水晶灯、镜子、织物和雕刻，墙壁上覆盖着丝绸、挂毯和精美的绘画作品，充分体现了洛可可风格的装饰特点。巴黎苏比斯府邸是一座位于法国巴黎第三区的豪宅，具有鲜明的洛可可式建筑风格，如图9-35所示，苏比斯府邸的历史可以追溯至1375年，但现存的建筑修建于18世纪中叶，这座府邸是洛可可建筑风格的代表作之一，内部装饰精美，家具、浮雕、装饰和绘画等细节都充分展现了洛可可艺术风格的特点，反映了法国贵族阶层的生活。

> 图9-34 凡尔赛宫

> 图9-35 苏比斯府邸

现代的室内设计中常把巴洛克、洛可可装饰元素与现代风格、中式风格进行混搭，一定要把握住主要的风格元素，如线条、色彩、材质、壁画、家具、银镜、水晶灯等典型的特征元素，把握得当就会营造出具有西方古典特色和现代感的空间氛围。如图9-36、图9-37所

> 图9-36 现代巴洛克风格

示的现代巴洛克风格、现代洛可可风格，以及图9-38所示的洛可可与现代中式元素进行混搭的风格，即俗称的"法式中国风"。

> 图9-37　现代洛可可风格

> 图9-38　洛可可与现代中式元素进行混搭

9.2.4　中式风格

道家思想的"天人合一""道法自然"深深影响了中国传统建筑、园林与室内装饰陈设，道家认为统摄万物之道的特性是朴实、自然、无为的，因此人们必须顺应和持守这种纯朴自然之道，倾向于自然山水之美，重视生态的保护与协调发展，其哲学和美学带有非常浓重的自然主义、生态主义。传统园林追求"虽为人作，宛自天成"的境界；除宫殿、宗教建筑以外的民用建筑，都推崇素雅、朴实、自然的风格；室内陈设中常布置盆景、假山等自然的装饰；建筑、园林、室内装饰都体现了道法自然的设计观。图9-39为中国四大名园之一的拙政园，始建于明朝正德年间，园林和建筑的设计充分体现了江南水乡的特色，亭台楼阁、廊榭轩馆均错落有致，与周围的自然景观和谐统一，巧妙地运用了"借景""漏景"的手法，将园外的自然景观和远处的建筑纳入园内视野，扩大了园林的空间感。拙政园中有260多个形态各异的花窗，包括八角、六角、三角、四方、套方、半圆、镜圆、椭圆、套环、方胜、瓶形、直棂、破子直棂、书条川、青条川、整纹川、一码三箭、菱形、方格、斜纹、毯纹、风车纹、插角乱纹、软脚纹、步步锦、灯笼锦、回云纹、如意纹等。园内住宅里的家具陈设古朴典雅，室内布置有各类红木家具，如湘妃榻、半圆桌、长案、太师椅等，各种摆件和装饰如瓷器、书画、古玩、木雕等，工艺精湛，突出反映了明代文人的文化品位。

> 图9-39 拙政园

　　中式装饰强调与自然的联系，包括使用自然材料，如木、石、竹、丝绸、花草等。这些材料赋予空间自然的质感和温暖感。中式风格注重空间的和谐和平衡，家具和装饰物品通常会放置在对称的位置，在装饰上常常包括中国传统文化元素，如书法、绘画、印章、瓷器、纹饰、屏风等，赋予空间独特的文化特色。中式装饰常使用屏风、隔断、博古架、落地罩来分割空间，创造私密性，同时保持空间的流畅感，突出室内环境的中国韵味。

　　传统中式风格的室内设计，是在室内布局、线形、色调以及家具、陈设的造型等方面，吸取传统装饰"形""神"的特征，使人们感受到历史延续和地域文脉。中国传统风格室内设计，以宫殿建筑的室内设计风格为代表，在总体上体现出一种气势恢宏、壮丽华贵、细腻大方的大家风范。建筑格局讲究高空间、大进深，雕梁画栋，匾额楹联、屏风隔断、织帐竹帘，虚灵典雅。装饰材料以木质为主，讲究雕刻彩绘，造型古雅，家具陈设讲究对称，极重文脉意蕴，擅用字画、卷轴、古玩、金石、山水盆景等加以点缀。

中式风格的构成元素主要有如下几种。

① 家具：主要是明清样式家具。椅子类的如交椅、圈椅、灯挂椅、官帽椅、太师椅、玫瑰椅、禅椅等，如图9-40所示。几案类的如翘头案、平头案、八仙桌、联二橱、联三橱、香几等。中式风格家具常采用榫卯结构，镶以牙板、牙条、圈口、券口等，装饰手法有雕、镂、嵌、描等。

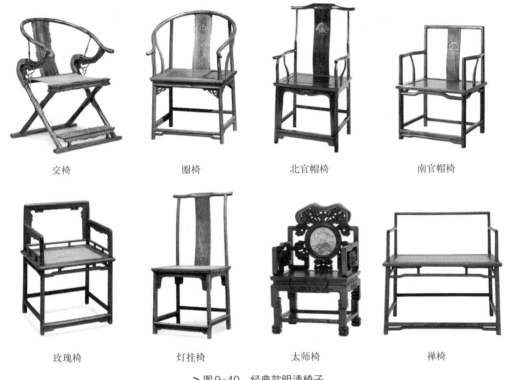

|交椅|圈椅|北官帽椅|南官帽椅|

|玫瑰椅|灯挂椅|太师椅|禅椅|

> 图9-40　经典款明清椅子

② 罩：罩在传统建筑室内装修中应用很广，是一种示意性的隔断物，隔而不断，增加了室内空间的丰富感、层次感和节奏感。罩根据造型特征又分为几腿罩、栏杆罩、落地罩、圆光罩、八角罩、飞罩、炕罩等，如图9-41所示。

③ 隔扇：隔扇一般指中间镶嵌通花格子的门。宋代李诫的《营造法式》和元代薛景石的《梓人遗制》中都称其为格子门，宋元之后称为隔扇。隔扇门由格心、绦环板、裙板三因子加上边框、抹头组成。隔扇兼有门与窗的功能，其主要功能为分隔空间，南方园林中常以隔扇门为墙。隔扇装配灵活，可相对固定成为墙体式隔断，必要时可全部拆卸以扩大空间。如图9-42所示为不同种类的隔扇，第一张图为故宫的隔扇，是最高等级的迷文格眼式样。

④ 花牙子、挂落：花牙子位于建筑梁柱交接处，外形如雀替，由回纹、动物纹、植物纹

圆光罩

落地花罩

飞罩

落地罩

落地罩

> 图9-41　罩

> 图9-42　中式隔扇

组成空棂花板，是一种纯装饰性的构件。挂落是挂在梁枋之下、柱子两侧的一种装饰，由连续性木雕或木棂雕花组成，形如室内的花罩。

　　⑤天花、藻井：天花位于房屋立柱之上、梁枋之下，做法较简单，用木条做成大面积的方格网状棂条，在方格上铺木板即成天花。早在唐宋时期，藻井只有皇家建筑可用，明清为皇家及寺庙可用，清末发展到会馆、祠堂等，它是礼制、等级的象征。藻井多为上圆下方，合乎中国古代天圆地方、天人合一的理念。如图9-43所示为故宫太和殿内的天花和藻井。

⑥ 装饰品：装饰品主要包括中式字画、匾额、挂屏、座屏、盆景、瓷器、古玩等。厅堂的陈设中经常在长条案几上摆放瓷瓶、镜子或钟表，寓意"东瓶西镜、钟生平安"，如图9-44所示为典型的传统中式陈设布局。

> 图9-43　故宫太和殿内的天花和藻井

> 图9-44　中式装饰和陈设

新中式风格诞生于中国传统文化复兴的新时期，伴随着国力增强，民族意识逐渐复苏，人们开始从纷乱的"模仿"和"拷贝"中整理出头绪。在探寻中国设计界的本土意识之初，逐渐成熟的新一代设计队伍和消费市场孕育出含蓄秀美的新中式风格。在中国文化风靡全球的现今时代，中式元素与现代材质的巧妙兼容，中式风格的家具、窗棂、布艺床品相互辉映，再现了移步变景的精妙小品。

新中式风格主要包括两方面的基本内容：一是中国传统风格文化意义在当前时代背景下的演绎；二是对中国当代文化充分理解基础上的当代设计。新中式风格不是纯粹的传统元素堆砌，而是通过对传统文化的认识，将现代元素和传统元素结合在一起，以现代人的审美需求来打造富有传统韵味的事物，让传统艺术在当今社会得到合适的体现。例如人民大会堂的金色大厅设计，如图9-45所示，用现代的设计手法诠释了传统明清文化元素的经典理念。始建于1959年的"金色大厅"原本并不是现在的模样，2009年，金色大厅经过清华大学建筑学院教授王炜钰重新设计，于当年8月竣工。"金色大厅"把中国传统装饰风格和西洋古典建筑风格相结合，顶面采用了外方内圆的八方藻井造型，同时结合了大型的水晶吊灯，烘托出高贵、华丽又典雅的氛围。整个大厅由20根雕有金色祥云图案的朱红漆金石柱撑起富丽堂皇的天花藻井，厅内雕梁画栋，梁坊彩绘、挑檐飞角，尽显中国建筑的尊贵典雅，传递出国家最高规格接待厅内涵的传统又不失现代的大国文化。再如北京的香山饭店，如图9-46所示，由著名的美籍华裔建筑设计师贝聿铭先生主持设计，是一座融中国古典建筑艺术、园林艺术为一体的酒店，为了表达如江南民居般朴素雅静的意境，在色彩上采用了黑白灰的无彩色系，整座饭店凭借山势，高低错落、蜿蜒曲折，院落之间有山石、湖水、花草、树木，与白墙灰瓦式的主体建筑相映成趣，江南园林的牖窗、洞门造型经过现代化的演绎成为空间的典型符号特征，处处体现了借景、漏景的巧妙技法，是新中式风格的典范。

> 图9-45　人民大会堂的金色大厅

> 图9-46　北京香山饭店

9.2.5　现代风格

现代风格起源于1919年成立的包豪斯学派，强调突破旧传统、创造新建筑，重视功能和空间组织，注意发挥结构本身的形式美，造型简洁，反对多余装饰，崇尚合理的构成工艺，尊重材料的性能，讲究材料自身的质地和色彩的配置效果。包豪斯学派重视实际的工艺制作操作，强调设计与工业生产的联系。广义的现代风格也可泛指造型简洁新颖、具有当今时代感的建筑形象和室内环境。

现代风格的建筑设计大师勒·柯布西耶、密斯·凡德罗等，其建筑、室内、家具设计体现了典型的现代主义特征。柯布西耶的代表作萨伏伊别墅（图9-47），于1928年设计，1930年建成，深刻地体现了现代主义建筑所提倡的新的建筑美学原则，表现手法和建造手段相统一，建筑形体和内部功能相配合，构图上灵活均衡而非对称，处理手法简洁，外形纯净，简单的柏拉图形体和平整的白色粉刷的外墙，简单到几乎没有任何多余的装饰，是一个完美的功能主义作品。由于采用钢筋混凝土梁柱的框架结构，因此各层墙面无须上下对齐，空间在垂直方向、水平方向相互穿插，室内外彼此贯通。别墅内有门厅、车库和仆人用房，二层有

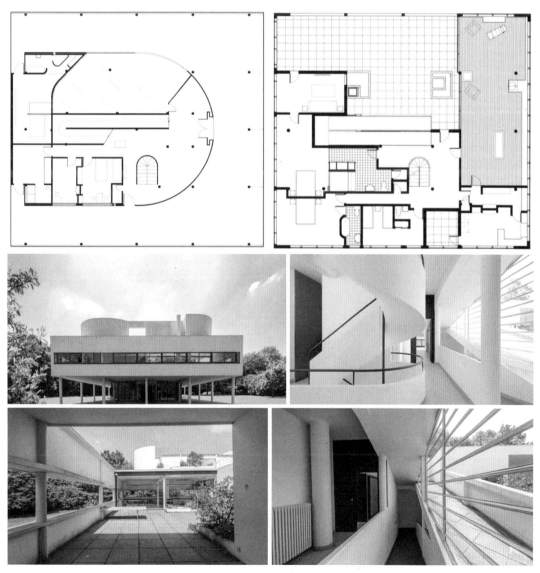

> 图9-47

> 图9-47　萨伏伊别墅

起居室、餐室、厨房、卧室和一个大屋顶花园。柯布西耶认为人们日常大多生活在起居室和花园中，因而这里的起居室很大，卧室相对较小。三层为主人卧室和另一个屋顶花园。各层之间除了楼梯，还有一条坡道，坡道不仅具有交通功能，而且能使各层空间似有相互流通之感。

密斯·凡德罗的设计理念强调了简约、功能性和材料的真实性，提出了"少即是多"的著名口号，强调建筑及室内空间的极简主义原则。他认为，设计应该以其功能为基础，建筑的外观和结构应该直接反映出它的用途和内部功能，而不是被过度装饰或被不必要的元素所遮盖，通过去除不必要的装饰和复杂性，建筑可以更好地表达其功能和美感。他的代表作有1929年设计的巴塞罗那世博会德国馆，1968年设计的柏林新国家美术馆等，家具上有著名的巴塞罗那椅。巴塞罗那世博会德国馆占地1250m^2，由一个主厅、两间附属用房、两片水池和几道围墙组成，如图9-48所示，主厅平面呈矩形，厅内设有玻璃和大理石隔断，纵横交错、隔而不断，有的延伸出去成为围墙，形成既分隔又联系、半封闭半开敞的空间，使室内外之间的空间相互贯穿，建筑的形状和结构都非常干净清晰。材料上采用了大量的玻璃、石材和钢材，包括大理石、花岗岩和镜面不锈钢，都充分体现了材料的真实性和自然美感，几乎没有多余的装饰。展馆内部的空间开放通透，没有内部支撑柱或分隔墙，十字形横截面的镀铬钢柱、正交不对称的墙面，创造了灵活有序、连续流动的空间结构。这座建筑被认为是现代主义建筑的经典之一，对后来的建筑设计产生了深远的影响。

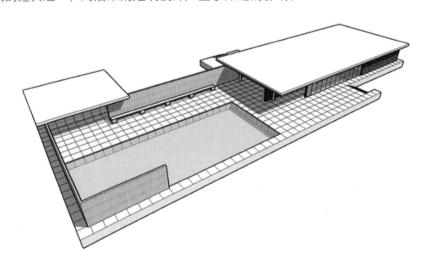

> 图9-48 巴塞罗那世博会德国馆

　　现代风格的室内设计是当下普遍流行的一种风格，符合大部分使用者的需求，适应现代生活方式。现代风格的室内设计注重功能性、整洁、光线和空间的优化，强调实用、舒适和时尚的生活环境，允许人们在装饰陈设方面发挥创意，选择创新的家具和装饰品，从而为室内增添个性和独特性，如图9-49所示。

> 图9-49

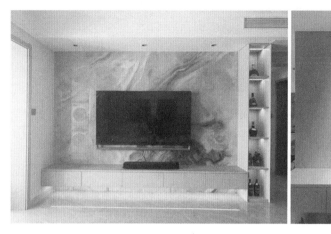

> 图9-49 现代风格的室内设计方案

9.2.6 室内设计的流派

不同的设计风格产生了不同的设计流派，流派是指室内设计的艺术派别，现代室内设计从所表现的艺术特点分析有多种流派：高技派、光亮派、白色派、风格派、超现实派、解构主义派等。

① 高技派：也叫重技派，突出当代工业技术成就，并在建筑形体和室内环境设计中加以炫耀，崇尚"机械美"，在室内暴露梁板、网架等结构构件以及风管、线缆等各种设备和管道，强调工艺技术与时代感。

② 光亮派：也称银色派，室内设计中推崇新型材料及现代加工工艺的精密细致及光亮效果，大量采用镜面、玻璃、不锈钢、磨光的花岗石、大理石等，照明方面常使用投射、折射等各类新型光源和灯具，形成光彩照人、绚丽夺目的室内环境。

③ 白色派：室内各界面以至家具等常以白色为基调，简洁明朗。代表作有迈耶设计的史密斯住宅、道格拉斯住宅（图9-50）。

(a) 道格拉斯住宅   (b) 史密斯住宅

> 图9-50 白色派代表作

④ 风格派：即1917年在荷兰出现的几何抽象主义画派，风格派完全拒绝使用任何的具象元素，主张用纯粹几何形的抽象来表现纯粹的精神，认为抛开具体描绘和细节，才能获得人类共通的纯粹精神表现。风格派的室内装饰和家具经常采用几何形体以及红、黄、蓝三原色，间或以黑、灰、白等色彩相配置。建筑与室内常以几何方块造型为基础，对建筑室内外采用内部空间与外部空间穿插统一构成为一体的手法，并以屋顶、墙面的凹凸和强烈的色彩对块体进行强调。例如施罗德住宅，是典型的风格派设计作品，设计者是建筑师、家具设计师——里特维尔德。施罗德住宅是荷兰风格派建筑的代表作，也是建筑史上重要的里程碑，如图9-51所示，建筑从色彩到造型、从室内到室外处处都体现了典型风格派的理论，轻质的钢构架、大型的窗户、直线的应用、红黄蓝三原色。里特维尔德设计了著名的"红

> 图9-51 风格派建筑的代表——施罗德住宅

蓝椅"，这一以传统折叠式床、椅为基础的单件家具，第一次把风格派的新造型主义美学延伸到三维空间。

⑤ 超现实派：追求超现实的艺术效果，常采用异常的空间组织、曲面或具有流动弧线形的界面，以及浓重的色彩、变幻莫测的光影、造型奇特的家具与设备，有时还以现代绘画或雕塑来烘托超现实的室内环境气氛。

⑥ 解构主义派：解构主义派对传统古典、构图规律采取否定的态度，对现代主义正统原则和标准批判地加以继承，强调不受历史文化和传统理性的约束，从逻辑上否定传统的基本设计原则（美学、力学、功能），由此产生新的意义。它是一种突破传统形式构图、用材粗放的流派，常运用散乱、残缺、突变、动势、奇绝等各种手段创造空间形态，用分解的观念强调打碎、叠加、重组，以此迎合人们渴望新、奇、特等刺激的口味，同时满足人们日益高涨的对个性、自由的追求。

被称为"建筑界的毕加索"的解构主义建筑之父——弗兰克·盖里，他通常使用的建筑语言有多角的平面、倾斜的结构、扭曲的形式，他把建筑当成雕刻一样对待。西班牙毕尔巴鄂古根海姆博物馆是盖里的代表作，如图9-52所示，博物馆外立面全部采用钛合金材质，覆

> 图9-52　西班牙毕尔巴鄂古根海姆博物馆

盖3.3万块钛金属片，建筑表皮被处理成向各个方向弯曲的双曲面，随着日光入射角度的变化，建筑的各个表面都会产生不断变动的光影效果。建筑的功能布局层层变化，逐层收缩，形成一个个独特的空间景观，虽然看上去毫无规则，但布局紧凑，各部分联系便捷。室内设计创造出打破简单几何秩序性的强悍冲击力，曲面层叠起伏、奔涌向上，光影倾泻而下，使人目不暇接。

室内设计
interior design

Chapter 10

第10章 设计实训解析

　　在做室内设计的过程中应该从现有场地条件出发，以实际功能需求为核心，根据空间现有的结构结合其使用功能来完成设计，不要因盲目地追求设计形式感而把现有的结构大面积拆除，也不要完全不考虑形式美学因素，设计应该从全局出发，将尺度、造型、色彩、材质、灯光、文化、内涵等各个元素整合考虑，在做功能划分时也要充分考虑人的视觉心理，一个好的方案一定是功能与美学并存、既满足功能需求又满足精神需求的。

10.1　室内空间的常见类型及主要设计方法

　　按照建筑物的使用性质，室内空间常见的类型有居住空间、办公空间、商业空间、娱乐空间等。不论哪种空间类型，设计的核心方法都是围绕用户需求，对标于本教材中提出的几大核心元素——空间形态、空间功能、空间界面、色彩、材料、灯光、装饰陈设，进行统筹规划、整合考虑，每一个看似简单的需求，其实背后都需要反复推敲和精心设计，需要认真思考其功能、尺度、风格、材质、色调、陈设之间的匹配是否合理、和谐。

　　比如居住空间的设计，是对住宅建筑设计的延续、深化和再创造，设计时应该深入分析用户的家庭行为特征和生活需求，重点考虑储物功能是否充足、水电管线是否合理、家具尺度是否符合人体工程学、交通流线是否便捷、界面造型是否美观、装饰陈设是否协调等，针对用户各种需求提出具体可行的解决策略。

　　再如办公空间环境的设计，应该深入分析员工的工作行为特征和办公需求，重点考虑空间布局是否支持现代办公设备的需求，办公动线是否清晰流畅从而提高工作效率，界面造型的设计是否与企业文化相协调等。

　　由于篇幅有限，本教材将重点以餐饮空间和综合体空间为例进行详细解析，从空间的功能、布局、流线、元素提取、装饰陈设等各方面，向读者展示设计构思的过程和方法，旨在帮助读者理解餐饮空间和综合体空间设计的复杂性和多样性，从而掌握室内设计的有效方法，最终能够创造出既美观又实用的空间环境。

10.2　餐饮空间设计

　　餐饮空间设计不但要满足顾客的就餐需求，又要给顾客带来身心愉悦的饮食体验，满足人们在酒足饭饱之后更高的精神追求。餐饮空间设计包括了餐厅的位置、餐厅的店面外观，以及餐厅的内部空间、色彩与照明、内部陈设与装饰布置，也包括了整个影响顾客用餐效果的整体环境和气氛。

10.2.1　餐饮空间的分类

　　餐饮空间可以按照经营类型分为中餐厅、西餐厅、快餐厅、茶餐厅、咖啡厅以及各类特色餐厅等，设计风格依据餐饮定位而各具特色。也可以按照规模和级别分为豪华型、中档型、自助型、社区型餐饮空间。豪华型餐饮空间参考面积指标为1.7～1.9平方米/人，中档型餐饮空间参考面积指标为1.3～1.5平方米/人，自助型、社区型餐饮空间参考面积指标为0.9～1.1平方米/人，可以看出定位越高端的餐饮空间人均面积指标越大，即平均每个顾客占据的就餐区域面积越大，相当于座椅布置得越宽松，就餐氛围越好。

10.2.2 餐饮空间的功能

餐饮空间主要分为三大部分，即以顾客为主的客用部分、以厨师为主的厨房部分以及管理部分（图10-1）。客用部分的主要功能区域有客席区、包厢区、宴会厅、等候大厅、卫生间、收银台、吧台等，它是餐饮空间设计的重点；厨房部分的主要功能区域有货物出入区、储存区、食品加工区、烹饪区、备餐区；管理部分的主要功能区域有办公室、职工更衣室、仓库、职工卫生间等。设计时要处理好这三部分区域的功能关系。餐饮空间又可以分为两大区域，如图10-2所示，即"前台"区域和"后台"区域。前台区域是直接面向顾客、供顾客直接使用的区域，包括门厅、等候区、就餐区、包间、雅座、洗手间、收银台等，是设计的重点；而后台区域是直接面向员工的，由加工部分、办公、生活用房组成，加工部分又分为主食加工与副食加工，厨房部分的面积需要预留出来，厨房内部具体设备及细节可以由专业的厨房设备公司来设计考虑。"前台"区域与"后台"区域的关键衔接点是备餐间区域。

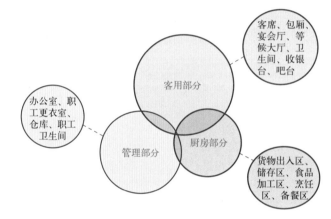

> 图10-1　餐饮空间三大部分

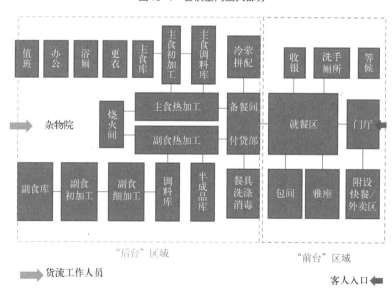

> 图10-2　前台区域和后台区域

对于设计师来说主要考虑的核心区域是客用部分，接待区和候餐区承担迎接顾客、休息等候用餐的"过渡"功能，一般设在用餐区的前面或者附近，面积不宜过大，但要精致，设计时要适当，不要过于繁杂，以营造成放松、休闲、有趣、具有观赏价值和文化价值的候餐环境。用餐区是餐饮空间的经营主体区，也是顾客到店的目的功能区，是设计的重点，包括各个用餐区的形式、空间尺度、动线规划、家具配置等。用餐区客席桌椅的配置方式及布局是非常关键的，如图10-3、图10-4所示。客席桌椅的种类有方桌席、圆桌席、长条桌席、包厢席；组成形式有单人席、双人席、四人席、多人席；配置方式有直线型、吧台型（直线吧台型、直角吧台型、折角吧台型）、直横交替型、靠壁卡座型、圆型、中心型、散点型、对面型等。需要根据空间的尺度及风格灵活布置各就餐组团的形式。餐厅常用的长桌尺寸及每座面积指标如表10-1所示，每个座位所占的面积指标是由"用餐宽度×用餐深度÷人数"而得到的，面积指标越小，表示每个座位占的面积就越小，越拥挤，面积指标越大，表示每个座位占的面积就越大，越宽敞。

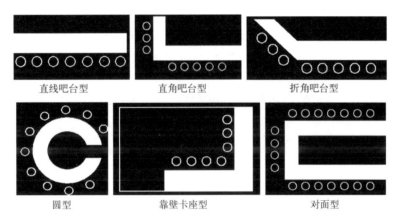

> 图10-3　用餐区的布局形式

> 图10-4　用餐区的座椅形式

表10-1　餐厅常用长桌尺寸及每座面积指标

用餐人数/人	长桌宽度/mm	长桌深度/mm	用餐宽度/mm	用餐深度/mm	每座面积/m²
2	625	800	1150	2200	1.27
	650	800	1250	2400	1.50

用餐人数/人	长桌宽度/mm	长桌深度/mm	用餐宽度/mm	用餐深度/mm	每座面积/m²
4	1250	800	1750	2200	0.96
	1250	800	1850	2400	1.11
6	1750	800	2250	2200	0.83
	1800	800	2350	2400	0.94
	1450	850	2850	2200	1.04
	1450	850	3050	2400	1.22
8	2250	800	2850	2200	0.78
	2500	800	3000	2400	0.90
	1950	850	3450	2200	0.94
	2050	850	3550	2400	1.07

　　餐饮空间的平面布局，要依据原始建筑空间平面的特点，若原始空间平面为矩形，就可以参照直线型布局为主的形式，就餐区组团也以矩形聚落为主，形成多个就餐组团区域，各组团之间留有主要通道及次要通道，部分组团可以适当抬升，以象征性划分出独立的就餐区，如图10-5所示。若想使空间显得灵活多变，可以将部分空间或就餐组团形式依据原始平面走向处理成流线型或不规则型，如图10-6所示，就餐组团聚落成散点型，空间的平面形式更加活泼及多元。

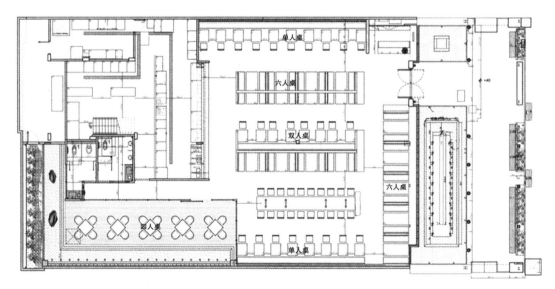

> 图10-5　以直线型布局为主

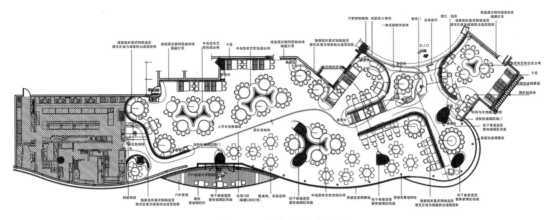

> 图10-6 以散点型布局为主

10.2.3 餐饮空间的流线

餐饮空间的流线主要分为三条，即顾客流线、员工服务流线与物品流线，如图10-7所示。顾客流线主要发生在前台区域，设计目的是为顾客进餐提供更好、更便捷的服务；员工服务流线在前台和后台区域都有，是员工为顾客提供服务的流线，在餐饮区是和顾客流线重叠的，设计目的是要提高员工的工作效率；物品流线主要发生在后台区，如送货、送菜、处理垃圾等流线。

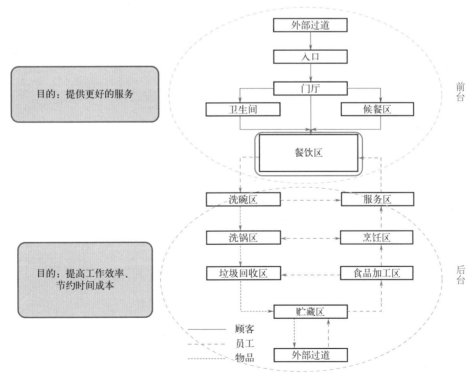

> 图10-7 餐饮空间的流线

① 顾客流线。是指顾客在餐厅用餐、逗留、离去的过程中所发生的行为动线，其活动范围主要集中在前台区域，即入口及门厅区、候餐区、餐饮区、卫生间等区域。科学合理的顾客动线，可以保证顾客在点餐、就餐、出入时更加便捷顺畅同时井然有序。顾客动线是餐厅的主导线路，一般来说，餐厅的顾客动线采用直线为好，这样可以避免顾客迂回绕道，产生人流混乱的状况，影响或干扰顾客进餐的情绪和食欲。

设计要点：顾客流线的处理应考虑入口及门厅区与餐饮区之间的距离和方向，两者距离不能太远，并且连接两者的交通走道应直接、便利，不能左弯右绕，尽可能缩短就餐路线。为避免餐饮区的噪声影响候餐顾客，候餐区与餐饮区之间应有所分隔，但也应保持一定的联系，以确保顾客可以及时进入餐饮区就餐。候餐区与餐饮区之间的距离也不能太远，其通向餐饮区的通道应与入口通道相交会，方向保持一致。尽量避免入口处出现拥挤，餐馆入口与最接近餐座的间距应大于3500mm。对于多层的餐厅来说，为确保包间的私密性，一般将其设置在二层及以上楼层，这时须考虑入口及门厅区通向包间的垂直交通流线，在入口及门厅区或候餐区处设置楼梯或电梯。如图10-8所示，蓝色箭头为某餐饮空间的顾客流线，便捷通畅，能够到达每个就餐区。

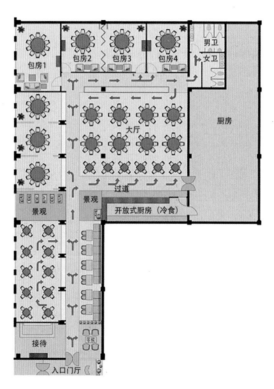

> 图10-8　顾客流线

② 员工服务流线。是指餐厅服务人员为顾客提供餐饮服务的行为动线。可分为：餐前引导顾客候餐或就餐入座的行为动线；就餐过程中为顾客提供点菜、上菜及更换餐具、餐巾等相关服务的行为动线；用餐完毕后代顾客结账、取物及收拾餐具、更换桌布、处理垃圾等物品的行为动线。

设计要点：餐前的服务动线是伴随顾客就餐入座所发生的行为，与上述顾客动线相一致。

就餐过程中的服务动线可划分为以下两种情况。一是为散座、卡座区的零散顾客提供服务的行为动线，备餐间与散座、卡座区之间的距离应尽可能缩短，以确保点菜信息的及时传达与出菜上桌服务效率的快捷高效，并且连接两区域之间的交通通道应便利、顺畅，避免送餐路线的迂回。散座区每20～30个餐位应考虑设置备餐柜。二是为包间区的团体顾客提供服务的行为动线，宜单独设置备餐间，并且服务人员送餐入口应与包间顾客入口相分开，避免两者之间的影响。

餐后的服务动线设计应使餐饮区与收银台、服务台之间有良好的信息传递通道，以保证代顾客结账及取物的快捷性。服务动线一般尽量短，并且一个方向的道路动线不要太集中，否则服务人员在工作过程中就会发生摩擦碰撞。如图10-9所示，黄色的箭头指向为服务流线，起始点为厨房，动线便捷，通常兼顾每个就餐区。

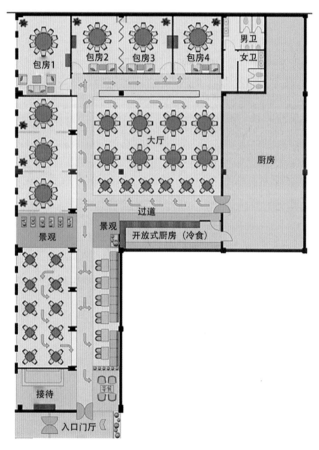

> 图10-9　员工服务流线

③ 物品流线：是指食物原料、菜品、餐具、餐巾、垃圾等物品在餐厅内的运转流线，其活动范围主要集中在后台区域，即备餐间、厨房区、储藏区、洗涤区四个功能区域。根据洁污分流的卫生标准，主要分为菜品流线与垃圾流线两类。

设计要点：菜品流线可划分为三个阶段，即食物原料的验收与储藏、食物原料的烹饪与加工、菜品的出菜与送菜。在验收与储藏阶段，储藏区与厨房区应紧临卸货区，缩短食物原料的供应路线；在烹饪与加工阶段，主食与副食两个加工流线要明确分开，粗加工—热加工—备餐的流线要短捷通畅，避免迂回倒流；在出菜与送菜阶段，备餐间内部布局要与送菜路线相一致，出入口应与顾客就餐路线相分开，以避免人流的交叉。顾客用餐垃圾处理流线与餐后收拾餐具的路线相一致，送于后台洗涤区，在清洗餐具的同时便于垃圾的统一存放，并保持良好的排风以避免异味的产生，厨房内部生产加工过程中所产生的食物废料可先存放在厨房区内，再集中统一清理。垃圾的存放点都应靠近后台出口处并与食物原料的供应路线相分开。如图10-10所示，四条流线分别为蓝色的顾客流线、黄色的服务流线、青色的食品流线和紫色的垃圾流线，每条动线都清晰流畅、分工明确。

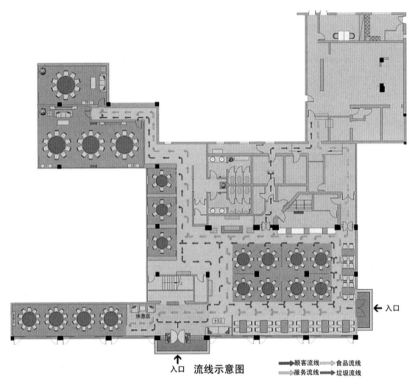

> 图10-10　餐饮空间全部流线

10.2.4　案例1：CUBE³城市快捷酒店室内设计

下面以某竞赛题目"城市快捷酒店室内设计"为例，向大家展示怎么去做室内设计。设计城市快捷酒店时，作为设计者首先需要了解该酒店的目标客户群、所处的场地位置、要求的客房数量等信息，接着确定快捷酒店的功能区域规划，按照大区域进行规划，酒店的功能区域主要可以分为面向顾客的区域和面向工作人员的后勤服务区域。面向顾客的区域有大堂区、餐饮区、休闲区、客房区等，每个区域又可以根据酒店的面积及配置进一步细分，如图10-11所示，大堂区的功能细分为大堂吧、前台区、休息区、电梯厅、行李存放区等。按照酒店的配置标准，大多数酒店大堂面积按每间客房0.6 ～ 1.0m²计算，豪华酒店和会议酒店可按每间客房1.0 ~ 1.4m²计算，经济型酒店按每间客房0.5 ~ 0.7m²计算。依据多少间客房匹配相应的酒店餐饮空间各餐厅的容客量（能够容纳客人的数量），如表10-2所示，设计时以此作为参考，如以200间客房为例，中餐厅应能容纳60个客人，全日制餐厅应能容纳80个客人，以此类推。设计主题和设计风格比较多元化，不管是什么主题或风格，一定要挖掘出特色，创造令人记忆犹新的室内空间环境。

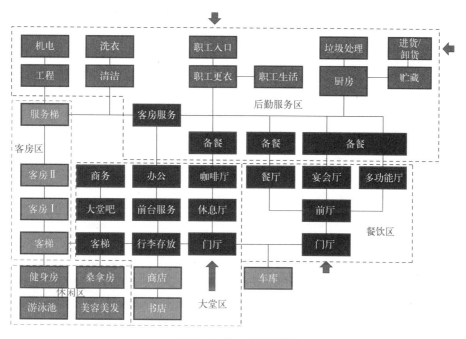

> 图10-11　酒店功能区规划

表10-2　酒店餐饮空间的容客量

客房数/间	容客量/人						
	中餐厅	全日制餐厅	特色餐厅	大堂吧	休闲吧	餐厅酒吧	合计
200	60	80		20			160
300	80	100		30	30		240
400	100	120	40	40	40		340
500	120	140	50	50	50		410
750	170	200	60	60	60	20	570
1000	250	280	60	70	80	20	760

　　这个案例是一个城市快捷酒店的室内空间设计，酒店名称为CUBE³，CUBE就是立方体、方块的意思，该酒店定位为新概念酒店，主要目标客户群体是青年群体。图10-12为原始建筑平面图，首先进行分析，根据其特征将酒店一层公共区域的空间功能划分为前台、大堂吧、咖啡厅及自助餐厅等区域，如图10-13中酒店一层的平面布置图所示。空间主题选用色彩斑斓的俄罗斯方块为主要元素，给快节奏的城市生活带来一些亮点，使客人能感受到轻快、活泼的愉悦氛围，因此空间界面的造型以儿时的经典游戏《俄罗斯方块》为主题，元素的提取

及演变过程如图10-14所示，经过形体的不断演变，将不同的体块造型以凹凸立体的形式错落有致地排列，使其成为空间的设计亮点。

交通流线：分流后的内部流线与客人流线在服务空间汇合，所以在明显部位开设客人入口，在隐蔽部位开设服务人员入口，如图10-15所示为室内交通流线分析图。

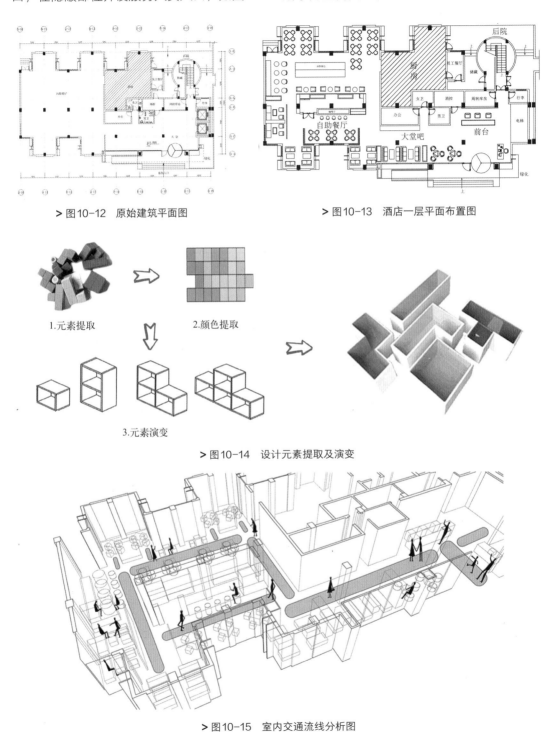

> 图10-12　原始建筑平面图

> 图10-13　酒店一层平面布置图

1.元素提取　　　　2.颜色提取

3.元素演变

> 图10-14　设计元素提取及演变

> 图10-15　室内交通流线分析图

酒店大厅：设有前台区域，为客人提供办理入住手续、临时休息的功能。前台造型由颜色跳跃的俄罗斯方块拼接而成，背景墙由俄罗斯方块拼成的Logo字样点明酒店名称"CUBE³"。在酒店大厅可以看到电梯间、入口、前台呈三角形布局，合理明确，如图10-16所示。

自助餐厅：自助餐区域可容纳40余人，设有包间区域和开放区域，自助餐厅与咖啡厅相连，使交通动线更为顺畅便捷，空间更为开放自由，如图10-17所示。

酒店客房：客房设计提取了俄罗斯方块活跃的色调，采用现代设计手法打造时尚靓丽的小空间，墙面采用白色和高级灰，家具采用对比色来衬托出房间内的氛围格调。客房整体装饰为统一的现代简约风格，整体空间显得明亮活泼，如图10-18所示。

> 图10-16　酒店大厅

> 图10-17　自助餐厅

> 图10-18　酒店客房

10.2.5 案例2：西安新中式餐厅设计方案

该餐厅位于西安市雁塔南路某商业综合休的一层、二层空间，考虑到不同年龄段消费者的需求，设计风格定位为"新中式+现代"，设计者从传统美学文化、诗歌文化视角对该空间环境进行设计，提炼出设计风格关键词为"新中式、诗歌文化、装置艺术、跳跃色块、现代造型、中西合璧"。色彩设计方面主要取自五行中的火、土、水，分别对应红色、金色、黑色。室内主要装饰材料为石材、仿古砖、木饰面板、玻璃砖、金属、墙纸、亚克力等，如图10-19所示。

> 图10-19　餐厅色彩设计与主材选用

功能布局规划：一层主要是入口门厅区域，连接电梯间，使顾客进入后可以快捷地乘坐电梯到达二层，一层附属功能区域根据甲方要求还布置了酒水超市、海鲜池区域，当然这部分动线不能和顾客动线产生冲突，二者相对独立，如图10-20所示。乘坐电梯到达二层，从电梯出来就会到达二层的小厅，接着就是主要的就餐区域，根据甲方要求，就餐区主要是私密性较好的包间区，分为三大包间组团，共17个包间。由图10-21中的二层平面图可以看出，该方案设计了两个较狭长的通道，因此对于通道空间的艺术处理成为关键点，既要使其避免狭长造成的单调感，又要把握好尺度，不能对人流动线造成影响。

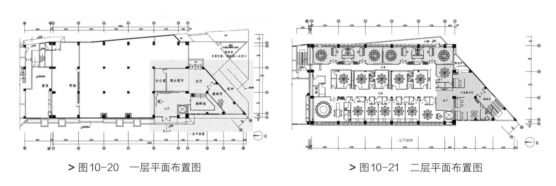

> 图10-20　一层平面布置图　　　　　> 图10-21　二层平面布置图

一层入口大厅是空间序列设计的亮点之一，因为要体现中国传统文化内涵、起到吸引顾客注意的作用，因此设计时需要突出视觉效果。该餐厅名为"盈月楼"，为了呼应该名称，采用了"光纤水帘+楼阁艺术装置+月光投影+LED星空光源+金属解构主义风格"的设计理念，如图10-22所示，在LED点阵光源的映衬下，红色的楼阁衬托出皎洁的月光灯，黄铜色金属材质的不规则接待台凸显了现代解构的特征，背后则是潺潺流水般的光纤水帘，充分体现了餐厅的名称特点，同时营造出餐厅"把酒问月"的意境氛围。二楼的设计使人一出电梯就会迎面看到一只金色的锦鲤艺术装置，其具有很强的视觉冲击感，锦鲤寓意"年年有余、富贵吉祥"，此处空间如图10-23、图10-24所示。为了破除狭长通道的拥堵和单调感，通道一侧界面采用红色玻璃砖墙，另一侧界面采用实木饰面板装饰，形成了材质上的对比，既体现了传统的古朴典雅，又极具通透与时尚之感，包间实木纹理的房门上点缀古典欧式金色雕花门把手，营造出中西合璧的效果，如图10-25所示。

> 图10-22　盈月楼入口大厅

> 图10-23　二层入口大厅

> 图10-24　二层电梯厅

> 图10-25　餐厅通道

　　餐厅共设有17个主题包间，包间名称及主题元素是从唐诗宋词中提炼出来的，并用现代设计手法进行抽象表现。例如："映日荷花"包间——毕竟西湖六月中，风光不与四时同。接天莲叶无穷碧，映日荷花别样红（出自杨万里《晓出净慈寺送林子方》）。"竹外桃花"包间——竹外桃花三两枝，春江水暖鸭先知。蒌蒿满地芦芽短，正是河豚欲上时（出自苏轼《惠崇春江晚景》）。"鹂鸣翠柳"包间——两个黄鹂鸣翠柳，一行白鹭上青天。窗含西岭千秋雪，门泊东吴万里船（出自杜甫《绝句》）。"万紫千红"包间——胜日寻芳泗水滨，无边光景一时新。等闲识得东风面，万紫千红总是春（出自朱熹《春日》）。

　　以VIP大包间"映日荷花"为例，如图10-26所示，其设计元素来源于诗词中的"莲叶""荷花"，主色调采用玫红色与宝蓝色，呈现对比协调效果，墙面上采用立体荷花镂空雕塑，打破了平面的范式化，使人眼前一亮。再以包间"山水之乐"为例，如图10-27所示，其设计灵感取自欧阳修的《醉翁亭记》，提取"山""水"的元素，以蓝绿色、绿色为主色调，背景墙上金色的山峦造型此起彼伏，营造出"醉翁之意不在酒，在乎山水之间也"的空间意境。

例：包间名 —— 映日荷花（VIP大包）

映日荷花（VIP大包）细节图

毕竟西湖六月中，
风光不与四时同。
接天莲叶无穷碧，
映日荷花别样红。

——杨万里《晓出净慈寺送林子方》

元素提取

立体化表达：金属网状立体荷花

> 图10-26 "映日荷花"大包间效果图

例：包间名 —— 山水之乐（大包）

环滁皆山也。其西南诸峰，林壑尤
美，望之蔚然而深秀者，琅琊也。
醉翁之意不在酒，在乎山水之间也。
山水之乐，得之心而寓之酒也。

——欧阳修《醉翁亭记》

元素提取

> 图10-27 "山水之乐"大包间效果图

10.3 综合体空间设计

10.3.1 案例1：河南灵宝阌乡车站片区规划设计

方案选址在河南省三门峡市灵宝市张村，该方案是围绕遗留下来的阌乡老火车站，以铁路文化遗产为主题，融合乡村记忆而进行的综合片区规划。设计主题及主要的功能业态如图10-28所示。设计基于场所记忆的相关理论，从可持续发展、历史文化保护、生态城市、农村振兴、城市更新等多个方面综合考虑，将人文历史、乡村振兴融入废弃铁路遗产设计之中，打造集文化、娱乐、参与式经济为一体的片区规划设计，设计了具有地域特色的铁路文化博物馆、乡村村史馆、苹果采摘园、手工作坊、山间民宿、农家餐厅等建筑及室内空间，通过更新带动周边片区的经济发展，提升片区人民的生活质量。

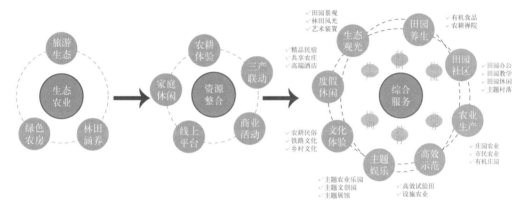

> 图10-28　主题定位及功能业态

设计规划策略：

① 文化再造——展现乡村文创魅力。重点设计了阌乡村史馆的建筑及室内空间，通过将文化符号再塑、再造并进行广泛传播，加强全民对于铁路文化的认知，对乡村历史的回忆与继承，打造文化教育科普区，实现全民可学、乐学、智学。

② 产业开放——构建乡村增长动力。将一产、二产、三产作物结构重新分配，以居民个体为主、乡村委员会为辅，带动农产业发展，增加片区经济效益。重点将原本的村庄建筑外立面进行统一规划，将乡村改造与产业旅游相结合。

③ 平台打造——汇聚乡村发展合力，增强教育传播渠道。重点构建了智慧农田线上体系，利用互联网将信息技术与种植产业进行融合，建立智能化、智慧化的农田种植服务系统。

设计方案解析：乡村规划了七个不同功能区，形成新的文化和艺术吸引点。由一条主要道路将多条次要道路相连接，次要道路与主路相互穿插、衔接、闭合、局部成环。形成"一核、三业、四园"的布局形态。"一核"为核心车站；"三业"为农业、旅游业、种植业；"四园"包括采摘园、露营园、民宿园、花园。打造"两轴、七区、多节点"，形成乡村活力和文化研学两大轴线，总平面的规划如图10-29所示。图10-30为阌川火车月台的修复效果图。核心建筑为村史馆，其建筑外观设计如图10-31所示。馆内分为四个主题部分，第一部分"陇海故事"展厅，通过静态和动态模型介绍陇海铁路发展历程和溯源，采用沙盘、科技多元的展示手段，吸引游客了解阌乡文化，如图10-32所示；第二部分"启程追忆"讲述陇海铁路工人展开革命斗争的艰辛历程，如图10-33所示，各个时期的主要火车，展示了火车的建造过程，使人们能了解火车的演变历程，利用VR及互动装置学习搭建列车；第三部分"轨道时速"展厅，如图10-34所示，利用VR、全息投影、三维全景、虚拟现实，模拟隧道的奇幻空间，展示方式新颖，展示效果逼真，车厢场景中设置声光电、互动投影、三维投影等技术，更具有多感官的冲击力，让观众感受现代科技带来的独特魅力；第四部分"流光掠影"展厅，如图10-35所示，讲述灵宝和阌乡的历史和特色文化，定期举办临时展厅，让游客能体验到不同主题、不同文化、限定周边以及具有内涵的开放展览空间。阌乡这个地方盛产苹果，在车站周边区域，专门规划了苹果采摘园、农产品展馆、乡村民宿等区域，以满足人们互动参与、深度体验的需求，如图10-36、图10-37所示。

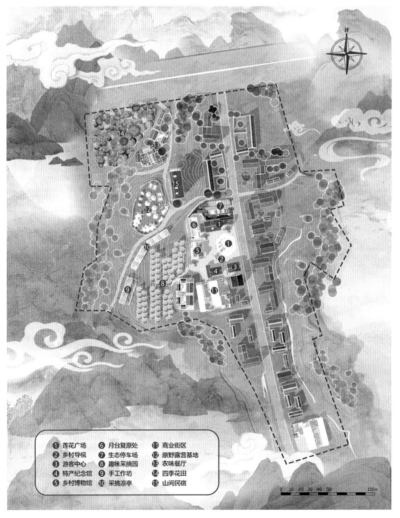

> 图10-29　阌乡车站片区总平面图

> 图10-30　阌川火车月台修复效果图　　　　　　　　　> 图10-31　村史馆建筑外观

> 图10-32　村史馆第一展厅"陇海故事"

> 图10-33　村史馆第二展厅"启程追忆"

> 图10-34

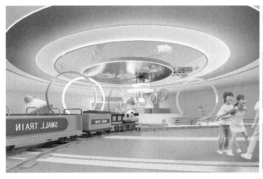

> 图10-34 村史馆第三展厅"轨道时速"

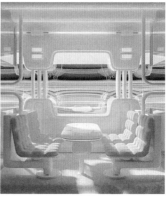

> 图10-35 村史馆第四展厅"流光掠影"

> 图10-36 乡村民宿

> 图10-37　苹果采摘园效果图

10.3.2　案例2：野鹿荡时空研学基地科学馆与时空体验基地

本案位于江苏省盐城市大丰区野鹿荡时空研学基地，科学馆是一个以时空科学为主题的梦幻体验空间，集科技展览、科普教育、互动娱乐为一体，以现代化的展示手段，带领观众在参观中感受时间科学的魅力，在体验中激发对时间科学的兴趣，力求达到思想性、科学性和艺术性的有机统一。

设计理念：本项目以丰富多样的表现形式引导青少年树立人与自然和谐共生的生态观念，令观众感受时空的浩瀚无垠，让湿地与生物多样性保护意识植根于观众的心灵深处。设计灵感和元素来源于梵高的著名画作《星空》，如图10-38所示，画作中大小不等的星辰翻滚着散列在闪耀的月亮周围，形成无边无际的涡状星系，躁动的笔触，让人陷入黄色与蓝色交织的迷宫之中，线条仿佛有了生命，徘徊游荡，不断扩散，使人产生对自然、浩瀚宇宙、无限时空的敬畏之感。这幅画的线条运用讲究，相互交织的弯曲长线和破碎短线构成了整个画面，天空和柏树运用了大量弯曲的长线，形成漩涡式的天际和动感的植物。设计提取了《星空》画作中色彩的搭配与曲线的运用，用优美的弧线与曲面柔和统一整体空间，在满足功能需求的基础上，补足了空间内美学构图的丰富度，提供了多样化的视角，给人以感官上的超现实冲击，激发人们对时间与时空的探索。

> 图10-38　《星空》中色彩的搭配与曲线的运用

本方案总共四层，平面布置图如图10-39～图10-42所示，设计满足游客研学、参观、互动、住宿等功能需求，核心区域有大厅、时间展馆、多功能会议厅、研学室、住宿区等。

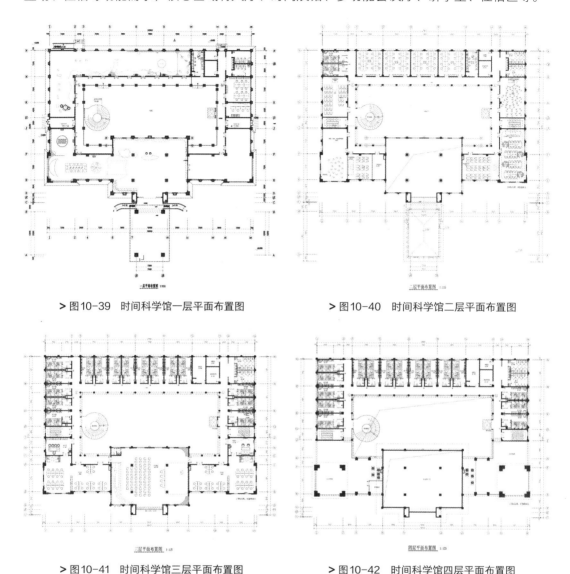

> 图10-39　时间科学馆一层平面布置图　　　　> 图10-40　时间科学馆二层平面布置图

> 图10-41　时间科学馆三层平面布置图　　　　> 图10-42　时间科学馆四层平面布置图

①入口大厅：设计灵感来源于星轨流转，根据空间结构特征，利用曲面将搭建的二层空间与整体空间造型相融合，白色的铝格栅上嵌入带状的流线灯，宛若星轨流转的动线，一个巨大的宇航员装置形成空间的焦点，打造出科技梦幻的时空主题，结合曲线型墙面设置展示区展台与休息座椅，使空间具备了展示与休闲的功能，同时曲面展台与休闲座椅又作为立面结构元素丰富了竖向空间层次，并且保留了较大的中庭区域，以为今后的研学团队集合宣讲提供足够的使用空间，如图10-43所示。

②时间展馆：利用互动投影等多媒体手段生动展示了打更报时、钟塔报时、午炮报时、卫星报时等报时科普内容，其中宇宙年历装置，将138亿年的宇宙发展史浓缩在1年之中，

以宇宙时空与时间的强烈对比，展现宇宙史的漫长和人类的渺小，如图10-44所示。

③ 盐城地质展区：场景还原了大丰野鹿荡地区地质生态原貌，一一展示了湿地吉祥三宝——麋鹿、丹顶鹤、勺嘴鹬的仿真动物模型，并且围绕湿地生态、大丰野鹿荡湿地等内容设置知识问答互动游戏，增加展厅互动体验感，寓教于乐。

基地还配套了多功能会议厅、研学主题教室、住宿、食堂等功能。会议厅、研学室、住宿区既简约现代又不失特色，各部分的效果图如图10-45 ～图10-47所示。

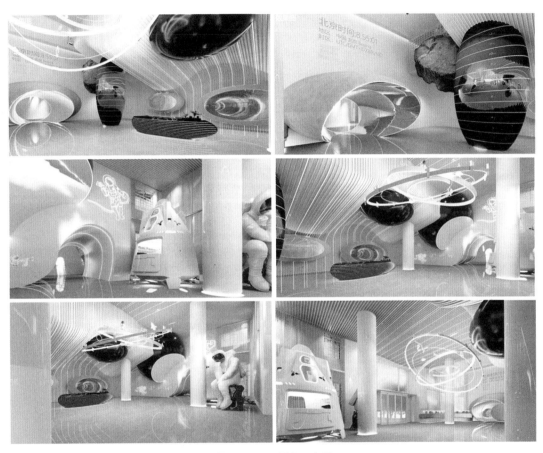

> 图10-43　一层入口大厅

> 图10-44

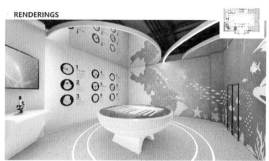

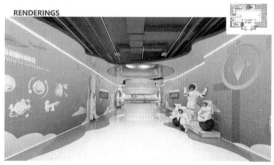
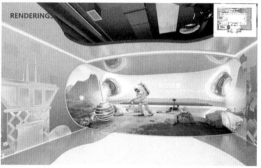

> 图10-44 时间展馆

> 图10-45 多功能会议厅

> 图10-46 研学室

> 图10-47　住宿区

结语

　　作为一名现代的室内设计师，在如今这个快速发展的时代，需要具备很高的专业综合素质，不仅要掌握基本的设计理论、具备手绘能力，以及能熟练运用AutoCAD、SketchUp、Photoshop、V-Ray、Enscape等绘图工具，更要具有对空间架构、梳理、分析、整合的能力，能精准把控室内空间及家具设施的尺度，还要文理兼修，具备较高的人文素养和敏感的审美能力。现在随着AI技术的快速发展，还需要熟悉更多的AI智能设计工具，以便辅助我们高效工作，如ChatGPT、Kimi、文心一言等文案类工具可以帮助我们整理设计思路及理念，Midjourney、Stable Diffusion、DALL-E3、云界等可以文生图、图生图，极大提高出图效率。当前的设计领域正经历着前所未有的技术变革，各种人工智能工具、虚拟现实平台、3D打印等新兴技术的蓬勃发展，正为艺术创作和展示带来全新的可能性，这些前沿技术正以独特的方式重塑着艺术形式和艺术体验。

　　目前在室内设计中广泛使用的一些AI设计工具如下。

　　Adobe Firefly：作为Adobe"家族"的一分子，这个工具因其强大的集成能力和对现有Adobe用户友好的界面而受到青睐。

　　Midjourney：特别受到艺术家和设计师的欢迎，它以生成高质量图像和提供广泛的创意控制而闻名。

　　DALL-E3：由OpenAI开发，因其能够理解复杂的文本提示并生成惊人的图像而备受关注。

　　Canva：对于那些需要快速制作图形和视觉内容的用户来说，Canva的易用性和丰富的模板库可能会非常吸引人。

　　Bing Image Creator：由于其快速生成能力和与Bing搜索的集成，可能对于那些寻找快速图像生成解决方案的用户来说非常有用。

　　Scribble to Art：如果用户喜欢将手绘草图转换成专业艺术品，这个工具可能会非常合适。

　　Pixso AI：对于需要进行快速设计迭代和生成设计元素的用户来说，其因高效的工作流程而受到青睐。

　　WOMBO Dream：因其便携性和能够将简单想法快速转化为视觉艺术的能力而受到欢迎。

　　DragGAN-AI：一种功能强大的图像编辑工具，允许用户通过几次点击和拖动来逼真地修改照片，用户可以以交互方式将图片中的点拖动到他们选择的目标位置，功能强大。

　　例如在Midjourney中输入关键词，它就可以依据条件生成很多方案图，通过调整修正关键词及命令，生成的方案图也会越来越接近设计师的需求，极大地提升了设计效率。

Midjourney 生成的效果图

如今，室内设计的对象已不再是单一的实体空间，而是融合了交互、虚拟现实、增强现实、沉浸式等各种技术手段的多维度空间。例如沉浸式数字博物馆、数字化展厅、虚拟现实疗愈空间等，利用多种智能技术，打造充满视觉、听觉、嗅觉等多重感官刺激的室内空间环境。未来的室内设计将更多地融合各种高科技手段，这些技术不仅能够提升空间的互动性、沉浸感和用户体验，还能实现更高效的空间管理。室内设计将通过全息投影、自动化控制系统、智能家居设备等技术手段，创造出更加丰富和立体的空间体验。随着消费者需求的多样化，未来室内设计将会更加注重个性化和定制化，AI技术的应用使得设计师能够根据客户的具体需求，提供更加精准和个性化的设计方案。

总之，未来的室内设计将是一个综合了创新技术、美学表达和环境责任的领域，未来的空间形式将会是高度融合科技与艺术、智能化与个性化、可持续性与多感官体验的多维度空间。这些趋势不仅反映了技术进步的方向，也符合现代人对高品质生活的追求。未来的室内设计师需要不断学习和适应新技术，具备一系列多样化的技能，以适应不断变化的设计领域和客户需求。

参考文献

[1] 来增祥, 陆震纬. 室内设计原理[M]. 北京: 中国建筑工业出版社, 2005.

[2] 徐恒醇. 设计美学[M]. 北京: 清华大学出版社, 2005.

[3] 郑曙旸. 室内设计思维与方法[M]. 北京: 中国建筑工业出版社, 2004.

[4] 沈源. 住宅精细化室内设计[M]. 北京: 中国建筑工业出版社, 2015.

[5] 王受之. 世界现代工业设计史[M]. 广州: 新世纪出版社, 2001.

[6] 北京普元文化艺术有限公司, PROCO普洛可时尚. 室内设计实用配色手册[M]. 南京: 江苏凤凰科学技术出版社, 2016.

[7] 文震亨. 长物志[M]. 南京: 江苏凤凰文艺出版社, 2015.

[8] 朱家溍. 明清室内陈设[M]. 北京: 故宫出版社, 2000.

[9] 黄清穗. 中国经典纹样图鉴[M]. 北京: 人民邮电出版社, 2023.

[10] 王家民. 中国艺术设计概论[M]. 北京: 中国文联出版社, 2006.

[11] 陈根. 商业空间设计看这本就够了[M]. 北京: 化学工业出版社, 2019.

[12] 加瑞特. 用户体验要素[M]. 范晓燕译. 北京: 机械工业出版社, 2016.

[13] 汉娜. 设计元素[M]. 沈儒雯译. 上海: 上海人民美术出版社, 2018.

[14] 琼斯. 装饰的法则[M]. 徐恒迦, 黄溪鸿译. 南京: 江苏凤凰文艺出版社, 2020.

[15] 孙昕, 崔娇, 王璐瑶, 等. 文化意境美学视角下城市综合体空间室内设计研究[J]. 工业建筑, 2022, 52(1): I0035.

[16] 张纪军, 孙昕, 苗萍. 周秦汉唐文化在西安城市公共空间艺术设计中的应用[J]. 中国教育学刊, 2021(09): 7.